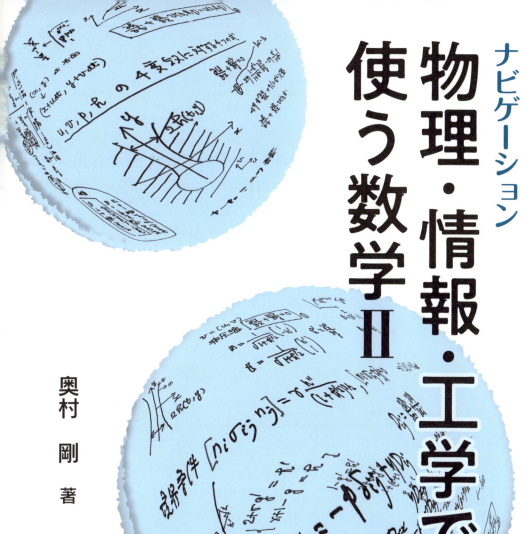

ナビゲーション
物理・情報・工学で
使う数学 II

奥村 剛 著

裳華房

Mathematical Methods for Physical Sciences
Vol. II

by

Ko OKUMURA

SHOKABO

TOKYO

JCOPY 〈出版者著作権管理機構 委託出版物〉

まえがき

　本書は，これまでにない斬新なレイアウトで書かれた物理数学の教科書の第II巻である．I巻とII巻を合わせた内容は，物理学科の学部レベルで必要な数学をひと通りカバーしており，情報や工学系の学生が数学を習得するためにも非常に役立つはずである．第I巻では，無限級数・べき級数，複素数，偏微分，線形代数，常微分方程式，多重積分を扱った．付録はすべてI巻に収めた．このII巻の第7章では電磁気学に必要なベクトル解析について学ぶ．第8章では初歩的な特殊関数について学び，統計力学に必須のスターリングの公式についても扱う．第9章は大学院入試の物理数学でもよく問われる複素関数論，とくに留数定理に基づいた積分計算を学ぶ．第10章でフーリエ級数を学び，第11章の積分変換へとつなげる．これらをベースに第12章の偏微分方程式に進み，第13章では量子力学の理解に必須の級数解法・直交関数系の学習へと進む．

　第II巻，とくに第9章以降は，息の長い議論が現れるようになる．また第9章から第11章は，各章のつながりがかなり密接になっていて，そこまで理解できると全体がよりよく知識として吸収されるであろう．物理学のほかの教科でも内容が深くなればなるほど，そのような息の長い議論が出てくるようになり，物理学科を卒業するにはこのような議論についていけるようになることが非常に重要である．そこで，このような場合に有効になる教科書の使用法についてのヒントについて述べる．なお，この方法はオンラインでの使用時や自習時にも参考になるであろうし，本書に限らず，物理関連の教科書や文献に取り組む際にもヒントとしてほしい．

　90分授業の場合，教員がその日の範囲について概略を説明したあと，30分

iv　　まえがき

程度，学生たちは集中して，この教科書を紙媒体で読み，数式ではなくロジックを追いかける．そして，質問個所を電子媒体などにまとめる．この読書時間の後は，順々に，学生たちがそこで展開されているロジックに関して質問したい個所を提案し，それをもとに教員が解説をおこなう．学生は次の授業までに，教科書の HW を解くことでロジックを復習しながら数式を追いかけ，宿題をおこない提出する．

　受験でもあるまいし，短時間の処理能力は，研究者には不要なスキルなのでは，と思う学生もいるかもしれない．しかし，研究の現場では，最先端の研究を展開するために，効率よく他者の研究の本質をつかむことが重要である．研究者の我々が日常的に体験するのは，論文を投稿して，その審査の結果，レフェリーが関連する重要論文をいくつも指摘してきたときだ．このような場合，短い期間に，それぞれの研究内容を正確に把握して，それを踏まえて，自分の研究を歴史の中に位置づける形で論文を仕上げなければならないからだ．

　このような場合に，数式をひとつひとつチェックすることは重要ではない．ただ，そのときに，それまでに培った数式のハンドリングの経験値によって理解度が大きく異なってくる．そのために本書は，隅から隅まで理解することが必要である．ただ，隅から隅まで理解するプロセスにおいて，まず，話の展開のロジックをつかんでから，細部を埋めていくことをおすすめしたい．そのための訓練が，冒頭に書いたような授業の進め方，あるいは，それに準じた自分での読み方だ．宿題をこなす段階で，隅から隅までの数式レベルでの理解が完成する．

　このような，まずロジックの展開を追いかけるスキルは，研究者が自分の最新の成果を発表するセミナーのときなどにも重要だ．私も学生時分には，同級生がおこなっている研究の中身が，セミナーを聞いてもよくわからなかったと記憶している．これは，今から思えば，単なるスキル不足だったと思うが，当時は，自分の能力が足りないのでは，と思っていた．

　このようなスキルを高度に身につけると，人のセミナーの話が面白くなってくる．そして，情報収集能力も高まり，新しい研究の展開にもプラスになっていく．このような能力の重要性は，研究の世界に限ったことではないだろう．究極的には数式のあるなしに限らず，話のロジックを追いかけることが重要で

あり，それが容易にできるプレゼンができるようになることは，あらゆる分野で成功するための重要な秘訣であろう．皆さんもぜひ，この教科書(とくに第II巻)を使って，そのような訓練も重ねてほしい．

末筆ながら，本書の独特なスタイルの実現に尽力くださった本書担当編集者の亀井祐樹氏に深く感謝する．なお，出版後に見つかった訂正事項については(株)裳華房のWebページ(https://www.shokabo.co.jp/mybooks/ISBN978-4-7853-2831-3.htm)などでお知らせしたい．

2024年10月

奥村　剛

目　次

7.　ベクトル解析

7.1　添え字のある記号の計算練習……2	7.10　ローテーションと
7.2　三 重 積…………………………6	ストークスの定理…………62
7.3　ベクトルの微分………………8	7.11　ガウスの定理と
7.4　場………………………………18	ストークスの定理の応用例
7.5　方向微分, グラジエント………19	………………………………69
7.6　ナブラを含んだ他の表現………24	7.12　保存場(再び)………………75
7.7　線 積 分………………………27	7.13　ベクトルポテンシャル………76
7.8　2次元のグリーンの定理………42	7.14　他の座標系での
7.9　ダイバージェンスとガウスの定理	ダイバージェンスの表式……80
………………………………52	

8.　初歩的な特殊関数

8.1　階乗関数………………………92	8.5　誤差関数………………………98
8.2　ガンマ関数……………………93	8.6　漸近展開………………………100
8.3　pが負のときのガンマ関数………94	8.7　スターリングの公式……………106
8.4　ガンマ関数とガウス積分………96	8.8　楕円積分と楕円関数……………109

9.　複 素 関 数 論

9.1　複素数と複素関数………………120	9.5　留数定理………………………142
9.2　正則関数………………………120	9.6　留数の求め方…………………146
9.3　閉路積分………………………128	9.7　留数定理による定積分の計算
9.4　ローラン展開…………………134	………………………………152

10. フーリエ級数

10.1 区間$(-\pi, \pi)$で定義された
　　　フーリエ級数 ·················· *180*
10.2 ディリクレの定理 ·············· *186*
10.3 複素フーリエ級数 ·············· *186*

10.4 $(-\pi, \pi)$以外の区間の
　　　フーリエ級数 ·················· *188*
10.5 多変数への拡張 ·············· *190*
10.6 パーセバルの等式 ·············· *191*

11. 積分変換

11.1 ラプラス変換 ·················· *194*
11.2 ラプラス変換による微分方程式
　　　の初期値問題 ·············· *196*

11.3 フーリエ変換 ·················· *198*
11.4 たたみ込み ·················· *209*
11.5 ラプラス逆変換 ·············· *214*

12. 偏微分方程式

12.1 偏微分方程式の分類 ·············· *220*
12.2 ラプラス方程式 — 半無限プレー
　　　トの定常温度分布 — ·········· *220*
12.3 拡散方程式 — 薄板中の
　　　熱の流れ — ·················· *229*

12.4 偏微分方程式のいろいろな
　　　境界条件 ·················· *234*
12.5 無限区間の場合:
　　　フーリエ変換の利用 ·········· *234*

13. 微分方程式の級数解法, 直交関数系

13.1 級数解法の一例 ·················· *240*
13.2 ルジャンドルの微分方程式 ···· *244*
13.3 積の微分に関するライプニッツ則
　　　 ·················· *248*
13.4 ロドリゲスの公式 ·············· *250*
13.5 ルジャンドル多項式の母関数
　　　 ·················· *252*

13.6 直交関数の完全系 ·············· *256*
13.7 ルジャンドル多項式の直交性
　　　 ·················· *258*
13.8 ルジャンドル多項式の規格化
　　　 ·················· *260*
13.9 ルジャンドル級数 ·············· *264*
13.10 級数解法のまとめ ·············· *265*

あとがき ·················· *268*
索　引 ·················· *269*

『Ⅰ巻』主要目次

1. 無限級数, べき級数
2. 複 素 数
3. 偏 微 分
4. 線形代数
5. 常微分方程式
6. 多重積分とその応用

付　録

CHAPTER **7**

ベクトル解析

これからベクトル解析に入ります．ベクトル解析は，大学での電磁気を理解するために避けて通れません．高校時代にマクスウェルの方程式を聞きかじった人もいると思いますが，これを理解するために必要になるのです．ソフトマター物理学の主役である流体や弾性体などの連続体の記述にも重要です．流体の記述に重要ですから，ベクトル解析の基礎は気象予報士の国家試験にも必須の知識となっています．なおベクトル解析に関連したことがらは，進んだ数学を使うともっとシンプルにエレガントに見直すことができます．余力のある人は，第Ⅰ巻の付録 A.7 "微分形式" にできる限り平易にまとめたので，眺めてみてください．

7.1 添え字のある記号の計算練習

7.1.1 クロネッカーのデルタ(再び)

$i = 1, 2, 3$ とする

例 $\delta_{ii} = 3$ (1)

      └── 3次元

$$\therefore \delta_{ii} = \sum_{i=1}^{3} \delta_{ii} = \delta_{11} + \delta_{22} + \delta_{33}$$

      └── アインシュタインの縮約

HW1 $a_i \delta_{ij} = a_j$ を思い起こし $b_{jl}\delta_{lm} = b_{jm}$ を示せ

  ヒント $b_{jl}\delta_{lm} = b_{j1}\delta_{1m} + b_{j2}\delta_{2m} + b_{j3}\delta_{3m}$

HW2 $\dfrac{\partial x_i}{\partial x_j} = \delta_{ij}$ を示せ

  ヒント $\dfrac{\partial x}{\partial x} = 1$, $\dfrac{\partial x}{\partial y} = 0$ など

        ただし $(x, y, z) \leftrightarrow (x_1, x_2, x_3)$

7.1.2 エディントンのイプシロン(再び)

HW3 $(\boldsymbol{A} \times \boldsymbol{B})_i = \varepsilon_{ijk} A_j B_k$ について

   $(\boldsymbol{A} \times \boldsymbol{B})_2 = A_3 B_1 - A_1 B_3$

  を確めよ

  ヒント $(\boldsymbol{A} \times \boldsymbol{B})_2 = \varepsilon_{2ij} A_i B_j$

❶ ここで添え字のある計算にさらに慣れるための練習をしましょう.まず,クロネッカーのデルタとアインシュタインの縮約の復習を兼ねた例題です(式(1)). **HW1** も確認しましょう.ヒントに与えた式で,m の値について3通り確認すれば証明が完成しますね.

☑注
$$\varepsilon_{ijk} = \begin{cases} 1 & (1,2,3)\text{の順置換} \\ -1 & (1,2,3)\text{の逆置換} \\ 0 & \text{それ以外} \end{cases} \quad \text{となりどうしの添え字の入れ替え} \tag{2}$$

公式1

$$\varepsilon_{ijk}\varepsilon_{ijk} = 6$$

$$\therefore \sum_{i=1}^{3}\sum_{j=1}^{3}\sum_{k=1}^{3}\varepsilon_{ijk}{}^2 = \varepsilon_{111}{}^2 + \varepsilon_{112}{}^2 + \cdots + \varepsilon_{123}{}^2 + \cdots + \varepsilon_{213}{}^2 + \cdots$$

$$= \underbrace{0^2 + 0^2 + \cdots + 1^2 + \cdots + (-1)^2 + \cdots}_{3 \times 3 \times 3 = 27 \text{項}}$$

$$= 6$$

☑注 ε_{ijk} は 27 成分. 0 でないのは 6 成分のみ

❹

❷ 次の HW2 も確認しておきましょう．偏微分に関するものです．

❸ 次にエディントンのイプシロンの復習です．HW3 で，まずはベクトル積をエディントンのイプシロンを使って表す方法を思い起こしてください．ここでは ☑注 に書いた性質(2)を思い起こしましょう．

❹ 公式1も，下の ☑注 に書いた性質を思い起こせば了解できますね．

4　第7章　ベクトル解析

公式2

$$\varepsilon_{ikm}\varepsilon_{jkm} = 2\delta_{ij}$$

❶

説明

❷

右辺は $i \neq j$ では 0

$i = j$ では 2 を意味する

- $i \neq j$ のとき　$\longrightarrow$　左辺も確かに 0

❸

例：$i = 1,\ j = 2$

$$\varepsilon_{1km}\varepsilon_{2km} = 0$$

0 でないなら $\varepsilon_{2km} = 0$

$(k,\ m) = \begin{cases} (2,\ 3) \\ (3,\ 2) \end{cases}$

- $i = j$ のとき　$\longrightarrow$　左辺も確かに 2

❹

例：$i = j = 2$

$$\varepsilon_{2km}\varepsilon_{2km} = 1^2 + (-1)^2 = 2$$

0 でないなら

$(k,\ m) = \begin{cases} (3,\ 1) \\ (1,\ 3) \end{cases}$

公式3　"デルデルの公式"

$$\varepsilon_{ijk}\varepsilon_{nmk} = \delta_{in}\delta_{jm} - \delta_{im}\delta_{jn} \tag{3}$$

❺

説明

- $i = j$ のとき　$\longrightarrow$　両辺ともに 0

❻

例：$(i,\ j) = (2,\ 2)$

左辺：$\varepsilon_{22k}\varepsilon_{nmk} = 0$
　　　$\longrightarrow 0$

右辺：$\delta_{2n}\delta_{2m} - \delta_{2m}\delta_{2n} = 0$

HW4 $(i,\ j) = (3,\ 3)$ のとき確めよ

- $i \neq j$ かつ右辺が 0 でないとき

❼

$(i,\ j)$ が $\begin{cases} (n,\ m) \longrightarrow 右辺 1 \quad "一致"\ の場合 \\ (m,\ n) \longrightarrow 右辺 -1 \quad "並べ替え"\ の場合 \end{cases}$

7.1 添え字のある記号の計算練習　5

❶　公式2もポイントを押さえた場合分けができれば，先に☑注で復習したエディントンのイプシロンの性質(2)を使うことですぐに理解できます．

❷　この場合は $i \neq j$ の場合に 0 で，そうでない場合には 2 になっているので，この 2 つの場合に分けて，左辺の値を調べましょう．

❸　まず i と j が異なる場合を考えます．アインシュタインの縮約が使われているので k について 3 通り，m についても 3 通りの和を考えますが，第 1 因子が 0 でない場合の項を考えても，第 2 因子が 0 になってしまいます．つまり $3 \times 3 = 9$ 個の項の和はどの項も 0 なので，この和は結局は 0 です．

❹　次に $i = j$ の場合．このときも同様に 9 個の項の和を考えますが，そのうち 0 にならないのは 2 つだけで，いずれも値は 1 になるので，和の値は 2 です．以上の 2 つのことから，公式 2 が了解できますね．

❺　次の公式 3 は"デルデルの公式"とよぶことにしましょう．この場合も場合分けをします．まず $i = j$ と $i \neq j$ に分けます．

❻　$i = j$ のとき，左辺は明らかに 0．右辺も 0 になることがすぐにわかります．$n = m$ のときも同様に両辺が 0 ですので，以下，$n \neq m$ としてもかまいません．

❼　次に $i \neq j$ のときに，右辺が 0 でない場合を考えると，それは (i, j) と (n, m) が一致するか，互いに"並べ替え"の関係にあるときです．そうでないとき右辺は 0 です．"一致"する場合には右辺の値は 1 で，並べ替えのときには -1 です．まずこの 2 つの場合を確めます．

- "一致"（右辺は 1）のとき → 左辺も確かに 1

  例：$(i, j) = (n, m) = (2, 3)$

  $\underline{\varepsilon_{23k}}\varepsilon_{23k} = 1$

  └─ 0 でないのは $k = 1$ のときだけ

  HW5 $(i, j) = (n, m) = (3, 2)$ のときを確めよ

- "並べ替え"（右辺は -1）のとき → 左辺も確かに -1

  例：$(i, j) = (1, 3)$, $(n, m) = (3, 1)$

  $\underline{\varepsilon_{13k}}\varepsilon_{31k} = (-1) \cdot 1 = -1$

  └─ 0 でないのは $k = 2$ のときだけ

  HW6 $(i, j) = (1, 2)$, $(n, m) = (2, 1)$ のときを確めよ

- $i \neq j$ かつ右辺が 0 のとき（"一致"でも"並べ替え"でもないとき）→ 左辺も 0

  例：$(i, j) = (1, 2)$, $(n, m) = (3, 2)$

  $\varepsilon_{12k}\ \varepsilon_{32k} = 0$

  └─ 0 でないなら $k = 3$ ─┘ 0

  HW7 $(i, j) = (2, 3)$, $(n, m) = (1, 3)$ のときを確めよ

7.2 三重積

7.2.1 スカラー三重積

$$\bm{A} \cdot (\bm{B} \times \bm{C}) = A_i \varepsilon_{ijk} B_j C_k \qquad (1)$$

右図より

$$|\bm{A} \cdot (\bm{B} \times \bm{C})| = A(BC \sin\theta) \cos\varphi$$
$$= Sh \quad \leftarrow \text{平行六面体の体積} \qquad (2)$$

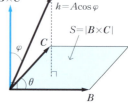

7.2 三重積　7

レクチャー

❶　一致する場合は，例をあげて示したように k に関する 3 つの項の和のうち 1 つだけが 0 でないことを確認して公式 3 の左辺も 1 になることがチェックできますね．**HW5** で，さらに確めましょう．

❷　並べ替えのときも，似たようにして左辺が -1 になることが確認できますね．**HW6** で，さらに確めてください．

❸　一致と並べ替えのいずれでもないとき（かつ $i \neq j$）には右辺は 0 であることはすでに指摘しました．このとき，確かに公式 3 の左辺が 0 になることも同様に了解できますね．**HW7** で，さらにチェックしてください．

　これで $i = j$ も $i \neq j$ の場合もすべての場合を尽くしたので証明終わりです．

　なお，慣れてきたら，添え字の入れかえによって符号が入れかわる〝反対称性″を使うと，もうすこし見通しが良くなります．式(3)の場合，i と j の入れかえで両辺ともに符号が反転するので，$i = j$ のときは両辺ともに 0 ですので，このときには式(3)は成立していることがわかります．式(3)の両辺は添え字 n と m に関しても反対称なので結局，$i \neq j$ かつ $n \neq m$ の場合だけを調べればよいことがわかります．あとは，上の $i \neq j$ かつ右辺が 0 でない場合だけを調べればよいことになります．

❹　さてこれらの記号の練習も兼ねて，さらにベクトルの三重積について学びます．これにはスカラー積とベクトル積があり，前者は値がスカラー値に，後者はベクトル値になります．

❺　まずはスカラー三重積です．エディントンのイプシロンを使うと式(1)のように書けますね．この量は A, B, C を 3 辺とする平行六面体の体積に対応します（式(2)）．

8   第7章　ベクトル解析

☑**注** $A\cdot(B\times C) = B\cdot(C\times A) = -A\cdot(C\times B)$

左辺 $= \varepsilon_{ijk}A_iB_jC_k = -B_j\varepsilon_{jik}A_iC_k$ $\qquad(3)$

$\qquad = B_j\varepsilon_{jki}C_kA_i = B\cdot(C\times A)$

HW1 $A\cdot(B\times C) = -A\cdot(C\times B)$ を同様に示せ

7.2.2　ベクトル三重積

$$A\times(B\times C) = (A\cdot C)B - (A\cdot B)C \qquad(4)$$

スカラー　↑　スカラー　↑

ベクトル　　ベクトル

説明

左辺を成分で書く

$$(A\times(B\times C))_i = \varepsilon_{ijk}A_j(B\times C)_k$$

$$= \varepsilon_{ijk}\varepsilon_{klm}A_jB_lC_m$$

$\qquad (B\times C)_k = \varepsilon_{klm}B_lC_m$

$$= (-1)^2\varepsilon_{ijk}\varepsilon_{lmk}A_jB_lC_m$$

$$= (\delta_{il}\delta_{jm} - \delta_{im}\delta_{jl})A_jB_lC_m$$

$$= \delta_{il}\delta_{jm}A_jB_lC_m \quad - \quad \delta_{im}\delta_{jl}A_jB_lC_m \qquad(5)$$

$\downarrow \leftarrow a_{ij}\delta_j = a_i$　　　$\downarrow \leftarrow$ **HW2**

$$A_jB_iC_j = ((A\cdot C)B)_i \quad ((A\cdot B)C)_i$$

7.3　ベクトルの微分

$$A = A_x e_x + A_y e_y + A_z e_z \qquad(1)$$

$$\frac{dA}{dt} = \frac{dA_x}{dt}e_x + \frac{dA_y}{dt}e_y + \frac{dA_z}{dt}e_z \qquad(2)$$

$(x, y, z) \rightarrow (x_1, x_2, x_3),\ e_x, e_y, e_z \rightarrow e_1, e_2, e_3$

$$\frac{dA}{dt} = \frac{dA_i}{dt}e_i = \dot{A}_i e_i \qquad(3)$$

$\longrightarrow$ 各成分を微分

$$(A_x,\ A_y,\ A_z) \xrightarrow[t\text{で微分}]{} (\dot{A}_x,\ \dot{A}_y,\ \dot{A}_z) \qquad(4)$$

7.3 ベクトルの微分　9

❶　この量は，☑**注** に示した性質をもちます．幾何学的意味を考えれば，直感的には納得のいく性質でしょう．式(3)の1番目の等号を成分計算で確めましょう．2回現れる添え字のペアを確認することが肝要です．これらのペアは〝ダミー〟であり，同じ文字であれば，どんな文字に変えても数式の表す意味は同じであることに注意しましょう．式(3)の上の式の2番目の等号も同様に確めてください(**HW1**)．

❷　次は**ベクトル三重積**です．この量は式(4)の左辺で定義されるベクトルです．ベクトル B と C のベクトル積はベクトルであり，このベクトル $B \times C$ とベクトル A とのベクトル積だからです．この量は，式(4)の右辺の量に書きかえられます．これを以下，成分計算を通して説明していきます．ちなみにこの公式は電磁気学で，マクスウェルの方程式から波動方程式を導くときなどに使います．

❸　左辺の i 成分を書いて変形していき，添え字 k を2回右となりと交換すると〝デルデルの公式〟が使えます(4番目の等号)．式(5)から〝デルデル〟の第1項を取り出して，デルタ記号についての和の公式を使い，j がペアになっていることを確認すると，$(A \cdot C)B$ の i 成分になっていることがわかりますね．ここで δ_{jm} について，和の公式を m の和をなくすように使いましたが，j の和をなくすように使っても同じ結果が出てきますので確認してみてください．**HW2** で，式(5)の第2項についても確めましょう．

4　ベクトルの微分について考えましょう．ベクトルはデカルト直交座標系では，空間に固定された単位ベクトルを使って式(1)のように書けることを思い起こしましょう．時間変数 t を考え，この変数でこのベクトルを微分することを考えます．単位ベクトルはこの座標系では時間によらずいつでも同じで変化しないので，係数だけを微分すればOKです(式(2))．t での微分を表すドット記号とアインシュタインの縮約を使えば，式(3)となりますね．

5　これを成分で見れば，この式(4)のようになります．つまり各成分を微分すればよいのです．

10   第7章　ベクトル解析

例 力学　　　　　　　　　　　　　　　　　　　　　　　　　　　❶

位　置　$\boldsymbol{r} = x\boldsymbol{e}_x + y\boldsymbol{e}_y + z\boldsymbol{e}_z \xrightarrow[\text{成分}]{} (x, y, z)$　　　　　(5)

$\qquad\qquad = x_i\boldsymbol{e}_i \longrightarrow (x_1, x_2, x_3)$　　　　　(6)

速　度　$\boldsymbol{v} = \dfrac{d\boldsymbol{r}}{dt} = \dot{x}_i\boldsymbol{e}_i \longrightarrow (v_x, v_y, v_z) = (\dot{x}, \dot{y}, \dot{z})$　　(7)

加速度　$\boldsymbol{a} = \dfrac{d\boldsymbol{v}}{dt} = \ddot{x}_i\boldsymbol{e}_i \longrightarrow (\dot{v}_x, \dot{v}_y, \dot{v}_z) = (\ddot{x}, \ddot{y}, \ddot{z})$　　(8)

$\dfrac{d}{dt}(a\boldsymbol{A}) = \dfrac{da}{dt}\boldsymbol{A} + a\dfrac{d\boldsymbol{A}}{dt}$　　　　　　　　　(9)　❷

$\qquad \because (aA_x, aA_y, aA_z)$

$\quad$微分　$\Bigg\downarrow$　$\dfrac{d(aA_x)}{dt} = \dot{a}A_x + a\dot{A}_x$

$(\dot{a}A_x + a\dot{A}_x, \dot{a}A_y + a\dot{A}_y, \dot{a}A_z + a\dot{A}_z)$

$= \dot{a}(A_x, A_y, A_z) + a(\dot{A}_x, \dot{A}_y, \dot{A}_z)$　　　　　(10)

あるいは

$\dfrac{d}{dt}(aA_i\boldsymbol{e}_i) = \dfrac{d(aA_i)}{dt}\boldsymbol{e}_i$　　　　　　　　　(11)

$\qquad\qquad = (\dot{a}A_i + a\dot{A}_i)\boldsymbol{e}_i$

$\qquad\qquad = \dot{a}\boldsymbol{A} + a\dot{\boldsymbol{A}}$

$\qquad\qquad \underline{\quad} A_i\boldsymbol{e}_i = \boldsymbol{A}, \ \dot{A}_i\boldsymbol{e}_i = \dot{\boldsymbol{A}}$

---

❶　力学の文脈で例を考えてみましょう．位置を $\boldsymbol{r}$ とします．式(5)と(6)に示した，単位ベクトルを使った表記と成分を使った表記を確認してください．速度は位置の時間微分です(式(7))．それぞれの表記を確認してください．また加速度は速度の時間微分です(式(8))．これについてもそれぞれの表記を確認してください．

7.3 ベクトルの微分　11

$$\frac{d}{dt}(\boldsymbol{A}\cdot\boldsymbol{B}) = \frac{d\boldsymbol{A}}{dt}\cdot\boldsymbol{B} + \boldsymbol{A}\cdot\frac{d\boldsymbol{B}}{dt} \tag{12}$$

❸

$$\therefore \frac{d}{dt}(A_i B_i) = \dot{A}_i B_i + A_i \dot{B}_i$$

$$\frac{d}{dt}(\boldsymbol{A}\times\boldsymbol{B}) = \frac{d\boldsymbol{A}}{dt}\times\boldsymbol{B} + \boldsymbol{A}\times\frac{d\boldsymbol{B}}{dt} \tag{13}$$

❹

$$\therefore \frac{d}{dt}(\varepsilon_{ijk} A_j B_k) = \underset{\underset{\varepsilon_{ijk}\text{ は }t\text{ によらない}}{\uparrow}}{\varepsilon_{ijk}} (\dot{A}_j B_k + A_j \dot{B}_k)$$

$$= \varepsilon_{ijk}\dot{A}_j B_k + \varepsilon_{ijk} A_j \dot{B}_k$$

❷　次に，この公式(9)が成り立つことを説明します．高校生のときに習った積の微分とよく似ていますね．ここに示した説明はまさに，積の微分の公式に立脚していることに注意してください．式(10)までの説明は成分表示によるものです．式(11)からはアインシュタインの縮約を使ったバージョンです．段々とこちらに慣れていきましょう．

❸　この公式(12)も，アインシュタインの縮約を使えば，このように納得できますね．

❹　次に，ベクトル積に関する公式(13)です．この場合もアインシュタインの縮約を使って理解できますね．公式(13)の右辺の各項の2つのベクトルの順番は入れかえることができないことに注意．入れかえるならベクトル積の性質からマイナス符号がつきますね．

例 等速円運動

平面上, $r = $ 一定, $v = $ 一定

$$\begin{cases} r^2 = \bm{r}\cdot\bm{r} = \text{一定} & (14) \\ v^2 = \bm{v}\cdot\bm{v} = \text{一定} & (15) \end{cases}$$

式(14)を t で微分

$0 = \dot{\bm{r}}\cdot\bm{r} + \bm{r}\cdot\dot{\bm{r}} = 2\bm{r}\cdot\dot{\bm{r}}$

$\therefore \bm{r}\cdot\bm{v} = 0$ (16)

$\Longrightarrow \bm{r} \perp \bm{v}$ (17)

式(15)を t で微分

$\bm{v}\cdot\dot{\bm{v}} = 0 \quad \therefore \bm{v}\cdot\bm{a} = 0$

$\Longrightarrow \bm{v} \perp \bm{a}$ (18)

式(16)を t で微分

$\dot{\bm{r}}\cdot\bm{v} + \bm{r}\cdot\dot{\bm{v}} = 0 \quad \longleftrightarrow \quad v^2 + \bm{r}\cdot\bm{a} = 0$

$\therefore \bm{r}\cdot\bm{a} = -v^2$ (19)

よって, 同一平面内のベクトル $\bm{r}, \bm{v}, \bm{a}$ について

$\bm{r} \perp \bm{v}, \ \bm{v} \perp \bm{a}$

⟶ $\bm{a}$ は $\bm{r}$ と平行または反平行

↓ 式(19)より $\bm{r}\cdot\bm{a} \leq 0$

反平行($\cos\theta = -1$)

⟶ $\bm{a}$ は "向心" 加速度

↓ 式(19)

$ra = v^2$

$\therefore a = v^2/r$ (20)

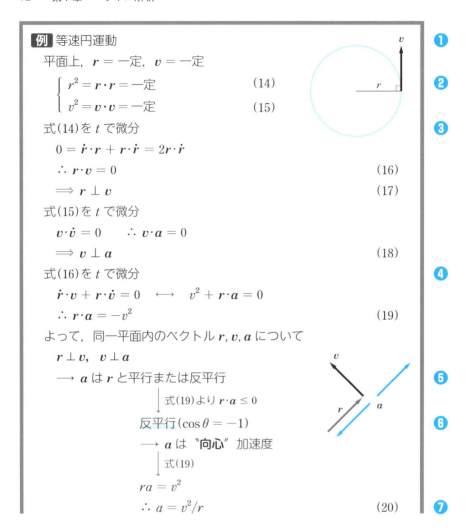

❶ 次に力学の例を見てみます. 等速円運動です. これはちょっと面白い！と思うのでは？ 高校生のときにおぼえた公式が, 等速円運動を定義する性質から導出できてしまうのです.

❷ この円運動は平面内の運動で, 半径が一定, 速度も一定という性質を満

7.3.1　2次元極座標系でのベクトルの微分

準備

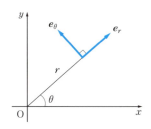

上の図から
- 場所 r によって e_r, e_θ が向きを変える
- 局所的には e_r, e_θ は直交

たすものとして定義されていますね．この2つの一定条件は，ベクトルのスカラー積を使って式(14)と(15)のように表せますね．

❸　これらを t で微分してみましょう．すると r と v が直交すること(式(17))，さらに v と a も直交すること(式(18))が出てきます．

❹　さらに式(16)を t で微分すると式(19)が導かれます．

❺　ところで式(17)と(18)から，a と r は(これらが同一平面内のベクトルなので)平行か反平行であることが帰結されます．

❻　ということは式(19)におけるベクトルのなす角は 180° となります．つまり，この場合の加速度は中心を向いているというわけです．これは高校で習った通りですね．

❼　さらにこのことを使うと，やはり高校で習った円運動の加速度の公式(20)が導出できてしまいました．

❽　さて2次元極座標での微分はどのようになるでしょうか？　まずは，図を使って e_r, e_θ を e_x, e_y と関係づけます．

❾　図を見ると，ここに示した2つの性質に気づきます．後者は〝ローカル(局所的)に直交する〟と表現することもあります．

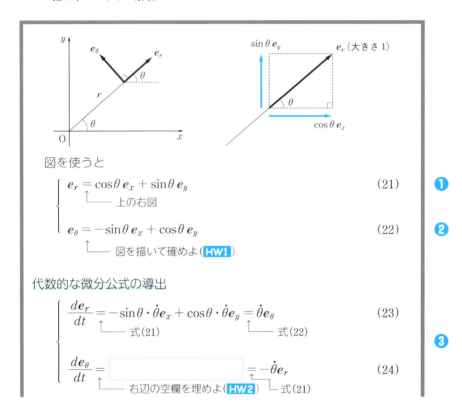

図を使うと

$$e_r = \cos\theta\, e_x + \sin\theta\, e_y \tag{21}$$
└── 上の右図

❶

$$e_\theta = -\sin\theta\, e_x + \cos\theta\, e_y \tag{22}$$
└── 図を描いて確めよ(**HW1**)

❷

代数的な微分公式の導出

$$\frac{de_r}{dt} = -\sin\theta\cdot\dot\theta\, e_x + \cos\theta\cdot\dot\theta\, e_y = \dot\theta\, e_\theta \tag{23}$$
└── 式(21)　　　　　└── 式(22)

❸

$$\frac{de_\theta}{dt} = \boxed{} = -\dot\theta\, e_r \tag{24}$$
└── 右辺の空欄を埋めよ(**HW2**)　└── 式(21)

❶ 図を描いてみると，e_r をデカルト直交座標系の単位ベクトルを使って表すことができますね(式(21))．

❷ e_θ についても図を描いて，ここに示した関係(22)を確めてください．

❸ 式(21), (22)の右辺の微分はデカルト直交座標系でのベクトルの微分を考えればよいので，すでに習った方法(式(2)など)で計算できます(式(23), (24))．このような導出法は"代数的な"導出とよばれます．

幾何学的な導出

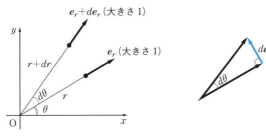

① de_r は r ($/\!/ e_r$) と直交 ⟶ de_r は e_θ の向き

② de_r の大きさは，半径 1 の扇形の弧の長さ
   ⟶ de_r の大きさは $1 \cdot d\theta$

よって

$$de_r = d\theta\, e_\theta \tag{25}$$

$$\longrightarrow \frac{de_r}{dt} = \frac{d\theta}{dt} e_\theta \tag{26}$$

❹ 同じ結果を"幾何学的な"手法で導出してみましょう．左側の図に示したように，位置が $dr, d\theta$ だけ動いた場合を考えましょう．すると各々の場所での e_r は左の図に示したように変化します．ただしどちらのベクトルも単位ベクトルですので，大きさが 1 であることに注意しましょう．これらの 2 つのベクトルを取り出して重ねて描いたのが右側の図です．この 2 つのベクトルの差 de_r の向きと大きさについて，① と ② に示した事実を確認してください．これらの事実から de_r を式(25)のように表すことができます．したがって，すでに代数的に求めた結果が再現されます(式(26))．

同様に

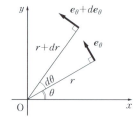 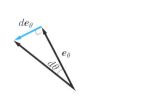

① $d\bm{e}_\theta$ は $-\bm{r}$ の向き
② $d\bm{e}_\theta$ の大きさは $1 \cdot d\theta$

よって

$$d\bm{e}_\theta = -d\theta\, \bm{e}_r$$

$$\longrightarrow \quad \frac{d\bm{e}_\theta}{dt} = -\frac{d\theta}{dt}\bm{e}_r \tag{27}$$

❶ 同じことを $d\bm{e}_\theta$ について確認しましょう．

❷ ①，②から先ほど代数的に得た結果がやはり再生されます(式(27))．

❸ さて力学の文脈で，いま習ったことを使ってみましょう．位置 $\bm{r}$ は $\bm{e}_r$ ベクトルを使って，式(28)のように書けることに注意しましょう．$\bm{r}$ ベクトルは $\bm{e}_r$ の方向を向いていますね．そして $\bm{r}$ ベクトルの大きさは r です．だから $\bm{e}_r$ ベクトルの r 倍と表現できるわけです．速度はこのベクトルの時間微分ですが，これは先に触れた 10 ページの公式(9)を使えば〝前だけ微分〟した項に〝後ろだけ微分〟した項を足せばよいことに注意(式(29))．さらに，すでに 2 通りの導出をおこなった $\bm{e}_r$ の微分の公式を使って式(30)を得ます．

例 力学

位置　$r = re_r$ 　　　　　　　　　(28)

速度　$v = \dot{r}e_r + r\dot{e}_r$ 　　　　　　(29)
　　　　└─ 式(9)

　　　$= \dot{r}e_r + r\dot{\theta}e_\theta$ 　　　　　　(30)
　　　　└─ $\dot{e}_r = \dot{\theta}e_\theta$

$v^2 = v \cdot v = \dot{r}^2 + (r\dot{\theta})^2$ 　　(31)
　　　└─ **HW3**

　　ヒント　$e_r \cdot e_\theta = 0,\ e_r \cdot e_r = 1,\ e_\theta \cdot e_\theta = 1$

☑ **注** r が一定(円運動)のとき

　式(31)：$v^2 = (r\dot{\theta})^2 \longrightarrow v = r\omega\ (\omega = \dot{\theta})$ 　　(32)

　(高校では $\dot{\theta}$ が一定の場合のみを考えた)

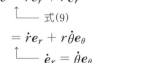

❹ したがって v ベクトルの大きさは式(31)のように表せます．**HW3** のヒントで与えられている内容は "ローカルな直交性" といわれるものです．

❺ こうして得た式は，もし r が一定の運動を考えると，これは平面上では円運動に他ならず，式(32)になります．ここで $\dot{\theta}$ は角速度なので，この式は高校でおなじみの等速円運動の速度の公式です．高校では，等速に相当する角速度一定の場合だけを考えましたが，式(30)や(31)は，より一般的に，角速度や半径が時間によって変化する場合も含んだものに格上げされています．

7.4 場

空間の各点で値が定義されている量 ❶

    温度場(スカラー場) ❷

$T(x,y,z)$

等温線

    速度場(ベクトル場) ❸

$\boldsymbol{v}(x,y) = (v_x(x,y),\ v_y(x,y))$

渦(うず)

❶ 次に"場"の量について学びます．場というのは日常的にはイメージのつかみにくい言葉だと思いますが，物理ではここに示したような"場所に依存した量"として定義します．

❷ まず温度場を考えます．このように右下がりの温度分布は，1次元空間での場の量 $T(x)$ と見なせます．これを2次元空間で考えると右のような等温線が描けますね．温度は成分のないスカラー量なので，このような場はスカラー場とよばれます．

7.5 方向微分，グラジエント

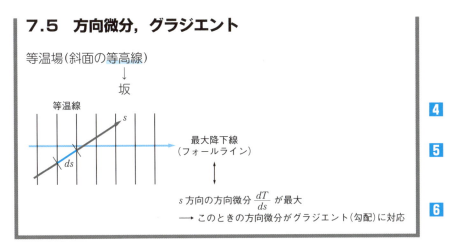

❸ 次に速度場を考えます．速度はベクトルなので，2次元で速度を考えればベクトル場の例となります．たとえばこの図のような渦を表す速度分布では，このように空間の各点で向きと大きさが変化します．

❹ 次に，方向微分という概念とグラジエントについて学びます．先ほどの温度場を思い起こしましょう．この等温線図は，スキー場の斜面の等高線と見なすこともできます．この場合，この坂にボールを置いたとき，ボールが転がっていく方向のことをフォールラインとよびます．このラインは最大降下線ともよばれます．

❺ フォールラインを滑っていくのが直滑降，競技名でいえばダウンヒルです．一方，これとはすこし斜めに滑り出すこともできます．こうするとスピードが出にくくなって，オーバースピードを防ぐことができます．

❻ このように斜面では，向きによって勾配が異なります．そこで，微分を考えるときには方向を与えて考えます．これが方向微分の考え方です．"方向"がフォールラインに一致する場合が，あとで出てくるグラジエントに対応します．

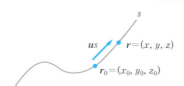

$$u = (a, b, c), \quad |u| = 1 \tag{1}$$

$$us = r - r_0$$

⬇ 成分

$$s\begin{pmatrix} a \\ b \\ c \end{pmatrix} = \begin{pmatrix} x \\ y \\ z \end{pmatrix} - \begin{pmatrix} x_0 \\ y_0 \\ z_0 \end{pmatrix}$$

$$\begin{cases} x = x_0 + as \\ y = y_0 + bs \\ z = z_0 + cs \end{cases} \quad \leftarrow \text{ 直線の式} \tag{2}$$

場 $T(x, y, z)$

$$\frac{dT}{ds} = \frac{\partial T}{\partial x}\underbrace{\frac{\partial x}{\partial s}}_{=a} + \frac{\partial T}{\partial y}\underbrace{\frac{\partial y}{\partial s}}_{=b} + \frac{\partial T}{\partial z}\underbrace{\frac{\partial z}{\partial s}}_{=c} \tag{3}$$

ここで

$$\left(\frac{\partial T}{\partial x}, \frac{\partial T}{\partial y}, \frac{\partial T}{\partial z}\right) = \underbrace{\left(\frac{\partial}{\partial x}, \frac{\partial}{\partial y}, \frac{\partial}{\partial z}\right)}_{\nabla : \text{ナブラ}} T \tag{4}$$

を定義すると

$$\frac{dT}{ds} = \underbrace{\nabla T}_{\text{ベクトル}} \cdot u \tag{5}$$

☑**注** グラジエント(勾配)

$$\nabla T = \frac{\partial T}{\partial x_i} e_i \quad \longrightarrow \quad \text{grad } T \quad \text{グラジエント(勾配)} \tag{6}$$

❶ このようにカーブした曲線 s を考え，その上での微小変位について考えます．微小な区間であれば直線と見なせることに注意して，着目する点での方向ベクトルを(大きさ 1 の)単位ベクトルとして導入します(式(1))．すると位置を表すベクトル r の成分と s の関係を表す式が，式(2)のように求められます．

❷ さて位置 r と s の関係がわかったので，位置 r の関数である場の量 T の s による微分を，偏微分の連鎖則を使って計算してみます(式(3))．この式(3)で，s の方向ベクトルの成分が現れますが，3 つ現れる T の微分を，すぐ下に書いたようにベクトルとして考えてみます．さらにナブラを導入します(式(4))．これは微分演算子の一種で，ナブラ演算子ともいいます．すると s の方向への方向微分は式(5)のようにベクトル ∇T と s の方向のベクトル u のスカラー積の形に表現できます．

❸ 式(5)に出てきたこのかたまりをグラジエント(gradient)と定義します(式(6))．グラジエントは勾配ともいいます．

∇φ の幾何学的意味

$\phi(x, y, z) = $ 一定 $\longrightarrow$ 曲面を表す

例：$\phi = x^2 + y^2 + z^2$
$\longrightarrow \phi = 1$ は半径 1 の球面

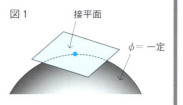

図 1　接平面　　φ＝一定

∇φ は "φ＝一定" の曲面の接平面の法線ベクトル

$\phi(\boldsymbol{x} + d\boldsymbol{x}) = \phi(\boldsymbol{x}) + \nabla\phi \cdot d\boldsymbol{x}$
　　　　　↑
　　$f(x + h) = f(x) + f'(x)h$

$\phi = $ 一定：$\phi(\boldsymbol{x} + d\boldsymbol{x}) = \phi(\boldsymbol{x})$

∴ $\nabla\phi \cdot d\boldsymbol{x} = 0$
　↑
$d\boldsymbol{x}$ は接平面上の任意の変位 $\longrightarrow \nabla\phi$ は接平面の法線ベクトル

$\longrightarrow$ 式(5)は $\boldsymbol{u}$ が法線ベクトルの向きを向くとき最大

∴ $\dfrac{dT}{ds}$ の最大値は $|\nabla\phi|$

　$\nabla\phi$ は最大降下線方向の $\dfrac{dT}{ds}$ ← 19 ページの **6** に対応

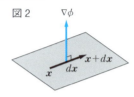

図 2

❶　グラジエントには幾何学的な意味があります．"φ＝一定" の式は，一般に曲面を表します．図 1 には，例として半径 1 の球の場合を示しました．

❷　グラジエントはこのような曲面の各点における接平面の法線ベクトルになっているのです．このことは多変数のテーラー展開のときに導出した式を思い起こし，図 2 を見てもらえば納得できるでしょう．

❸　例を考えてみましょう．グラジエントを各成分の微分として求め(式(7)，**HW1**)，さらに着目する点の座標を代入して，接平面の法線ベクトルを得ます(式(8)，**HW2**)．

❹　あとは 4.6.2 項で習ったようにして接平面を求めます(式(9))．

例 $x^3y^2z = 12$ 上の点 $\boldsymbol{x}_0 = (1, -2, 3)$ における接平面と法線

❸

$\phi = x^3y^2z$

$\nabla\phi = (3x^2y^2z, \boxed{}, \boxed{}) \leftarrow \boxed{}$ を埋めよ(**HW1**) (7)

$\quad\downarrow \boldsymbol{x}_0 = (1, -2, 3)$

$\propto (9, -3, 1)$ (8)

↑ **HW2**

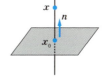

$\boldsymbol{n} \cdot (\boldsymbol{x} - \boldsymbol{x}_0) = 0$

❹

$9(x-1) - 3(y+2) + 1\cdot(z-3) = 0$ (9)

$\quad\downarrow$

$ax + by + cz = d$

↑ a, b, c, d を求めよ(**HW3**)

$\boldsymbol{x} - \boldsymbol{x}_0 = \boldsymbol{n}t$

❺

$\begin{pmatrix} x \\ y \\ z \end{pmatrix} - \begin{pmatrix} 1 \\ -2 \\ 3 \end{pmatrix} = \begin{pmatrix} 9 \\ -3 \\ 1 \end{pmatrix} t$

t について解く

$\dfrac{x-1}{9} = \dfrac{y+2}{-3} = z - 3$ (10)

❺ 法線を求めるのも 4.6.2 項と同様です(式(10)).

7.6 ナブラを含んだ他の表現

❶

$$\nabla = \left(\frac{\partial}{\partial x}, \frac{\partial}{\partial y}, \frac{\partial}{\partial z}\right) \tag{1}$$

$$= \frac{\partial}{\partial x}\boldsymbol{e}_x + \frac{\partial}{\partial y}\boldsymbol{e}_y + \frac{\partial}{\partial z}\boldsymbol{e}_z \tag{2}$$

$$= \boldsymbol{e}_x\frac{\partial}{\partial x} + \boldsymbol{e}_y\frac{\partial}{\partial y} + \boldsymbol{e}_z\frac{\partial}{\partial z} \tag{3}$$

↑ $\boldsymbol{e}_x, \boldsymbol{e}_y, \boldsymbol{e}_z$ は x, y, z によらない

$$\nabla = \frac{\partial}{\partial x_i}\boldsymbol{e}_i \tag{4}$$

$$= \boldsymbol{e}_i \partial_i \tag{5}$$

↑ $\partial/\partial x \to \partial_x, \ \partial/\partial x_i \to \partial_i$

スカラー場 ϕ ❷

$$\nabla\phi = \mathrm{grad}\,\phi \quad \text{(グラジエントまたは勾配)} \tag{6}$$

ベクトル場 $V = (V_x, V_y, V_z)$

$$\nabla \cdot \boldsymbol{V} = \mathrm{div}\,\boldsymbol{V} \quad \text{(ダイバージェンスまたは発散)} \tag{7}$$

$$= \partial_i V_i \tag{8}$$

$$= \frac{\partial V_x}{\partial x} + \frac{\partial V_y}{\partial y} + \frac{\partial V_z}{\partial z} \tag{9}$$

$$\nabla \times \boldsymbol{V} = \mathrm{rot}\,\boldsymbol{V} \quad \text{(ローテーションまたは回転)} \tag{10}$$

$$= \mathrm{curl}\,\boldsymbol{V} \quad \text{(カール)} \tag{11}$$

$$= \begin{vmatrix} \boldsymbol{e}_x & \boldsymbol{e}_y & \boldsymbol{e}_z \\ \partial_x & \partial_y & \partial_z \\ V_x & V_y & V_z \end{vmatrix} \tag{12}$$

❸

$$= (\partial_y V_z - \partial_z V_y, \ \boxed{}, \ \boxed{}) \tag{13}$$

↑ ☐ を埋めよ(**HW1**)

$$(\nabla \times \boldsymbol{V})_i = \varepsilon_{ijk} \partial_j V_k \tag{14}$$

❶ ナブラには，このようにいろいろな表記の仕方があります(式(1)〜(5))．

7.6 ナブラを含んだ他の表現　**25**

$$\nabla^2\phi = \nabla\cdot\nabla\phi = \mathrm{div}(\mathrm{grad}\,\phi)$$

$$\nabla^2 = \nabla\cdot\nabla \tag{15}$$

$$\nabla\cdot\nabla\phi = \partial_i(\nabla\phi)_i = \partial_i\partial_i\phi$$
$$\underset{\nabla_i \to \partial_i}{}$$
$$= (\partial_x{}^2 + \partial_y{}^2 + \partial_z{}^2)\phi \tag{16}$$

$$\nabla^2 = \frac{\partial^2}{\partial x^2} + \frac{\partial^2}{\partial y^2} + \frac{\partial^2}{\partial z^2} \quad \textbf{(ラプラス演算子)} \tag{17}$$

☑**注** $\nabla\cdot\nabla\phi = (\partial_x,\,\partial_y,\,\partial_z)\cdot(\partial_x\phi,\,\partial_y\phi,\,\partial_z\phi)$
$$= (\partial_x{}^2 + \partial_y{}^2 + \partial_z{}^2)\phi$$

❷　すでに学んだように，ナブラがスカラー場に作用した場合にはグラジエントとなります（式(6)）．一方，ベクトル場に作用する仕方にはスカラー積とベクトル積があり，それぞれ**ダイバージェンス**（式(7)～(9)）と**ローテーション**（式(10)～(13)）とよばれます．ダイバージェンスは**発散**，ローテーションは**回転**，カールとよばれることもあります．

　ベクトル解析における1つのポイントは，扱っている量がスカラーなのかベクトルなのか，きちんと区別することです．グラジエントとローテーションはベクトル，ダイバージェンスはスカラーです．このことを考えると grad，div，rot，curl といった記号は使わないほうが安全です．ナブラを記号 ∇ で書いていれば，スカラーかベクトルかを容易に判断できるからです．

❸　ローテーションの計算は行列式を使ってもよいですし（式(12)），エディントンのイプシロンを利用することもできます（式(14)）．

❹　次に，ナブラを2回作用した**ラプラス演算子**を紹介します．これは**ラプラシアン**ともよばれますが，ベクトルの大きさを細字で書く習慣にならって〝細字の逆三角の2乗〟で表記されます（式(15)）．計算してみるとわかるように，この演算子は各成分の2階微分の和となります（式(16)，(17)）．これは☑**注**のようにして確めることもできます．

26　第 7 章　ベクトル解析

例 公式 $\nabla \cdot (\nabla \times V) = \mathrm{div}\,(\mathrm{rot}\,V) = 0$ 　　　　　　　　(18)　　❶

$$\because\ \nabla \cdot (\nabla \times V) = \partial_i (\nabla \times V)_i$$

$$= \partial_i \varepsilon_{ijk} \partial_j V_k$$
$$\quad \overline{}\!\!\downarrow\quad (\nabla \times V)_i = \varepsilon_{ijk} \partial_j V_k$$

$$= \partial_j \varepsilon_{ijk} \partial_i V_k$$
$$\quad \overline{}\!\!\downarrow\quad \partial_i\ と\ \partial_j\ を入れかえ：\varepsilon_{ijk} = -\varepsilon_{jik}$$

$$= -\ \partial_j\ \varepsilon_{jik} \partial_i\ V_k$$
$$\qquad \nabla_j \qquad (\nabla \times V)_j$$

$$\therefore\ \nabla \cdot (\nabla \times V) = -\nabla \cdot (\nabla \times V)$$
$$2\,\nabla \cdot (\nabla \times V) = 0$$
$$\therefore\ \nabla \cdot (\nabla \times V) = 0$$

例 公式 $\nabla \times (\nabla \times V) = \nabla(\nabla \cdot V) - \nabla^2 V$ 　　　　　　　(19)　　❷

$$\because\ (\nabla \times (\nabla \times V))_i = \varepsilon_{ijk}(\nabla)_j (\nabla \times V)_k$$

$$= \varepsilon_{ijk} \partial_j \varepsilon_{klm} \partial_l V_m$$
$$= \varepsilon_{ijk} \varepsilon_{klm} \partial_j \partial_l V_m$$
$$= \varepsilon_{ijk} \varepsilon_{lmk} \partial_j \partial_l V_m$$

$$= (\delta_{il}\delta_{jm} - \delta_{im}\delta_{jl})\,\partial_j \partial_l V_m$$

$$= \underline{\delta_{il}\delta_{jm} \partial_j \partial_l V_m} \qquad - \qquad \underline{\delta_{im}\delta_{jl}\partial_j\partial_l V_m}$$

$$\quad \left| \begin{array}{l} \delta_{il}\partial_l = \partial_i \\[4pt] \delta_{jm}\partial_j = \partial_m \end{array} \right. \qquad\qquad \left| \begin{array}{l} \delta_{im}V_m = V_i \\[4pt] \delta_{jl}\partial_j = \partial_l \end{array} \right.$$

$$\quad \partial_i \partial_m V_m \qquad\qquad\qquad \partial_l \partial_l V_i$$
$$\quad = \nabla_i(\nabla \cdot V) \qquad\qquad = \nabla^2 V_i$$
$$\quad = (\nabla(\nabla \cdot V))_i \qquad\quad = (\nabla^2 V)_i$$
$$\qquad \overline{}\!\!\downarrow\quad \nabla \cdot V\ はスカラー$$

$$= (\nabla \times (\nabla \times V))_i = (\nabla(\nabla \cdot V))_i - (\nabla^2 V)_i$$

❶　ナブラの入った公式を確めることで計算練習をしましょう．公式(18)は，マクスウェル方程式を学ぶときに登場します．ここに示した式変形は，も

7.7 線積分

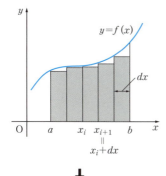

$$\int_a^b f(x)\,dx = \sum_i f(x_i)\,dx_i \quad (1) \qquad \int_A^B f(s)\,ds = \sum_i f(s_i)\,ds_i \quad (2)$$

s：xy 平面上の曲線

うスラスラ追えるでしょうか？ もどかしければ，エディントンのイプシロンのところを復習してから見直してください．

❷ 次の公式(19)は，マクスウェルの方程式から電場と磁場が波であることを示すときに登場します．このチェックも，エディントンのイプシロンを使った計算の良い練習です．これがスラスラ追えるように，必要ならしっかり復習してください．

❸ 次に線積分について学びます．例によって高校で習ったことの復習から始めます．これまで積分は 2 次元平面で，式(1)のように微小要素の和として定義されていました．

❹ 状況をすこしだけ一般化すると，xy 平面上に考えた曲線に沿って，微小要素を足していくことが考えられます(式(2))．これが**線積分**の一例です．

例 力学：力がする仕事

位置 $\boldsymbol{r}$, 力 $\boldsymbol{F}(\boldsymbol{r})$　s 上を質点が動く

$$\text{仕事}\, dW = \boldsymbol{F}(\boldsymbol{r}) \cdot d\boldsymbol{r} \tag{3}$$

$$W_{\mathrm{A}\to\mathrm{B}} = \int_{\mathrm{A}}^{\mathrm{B}} dW = \int_{\mathrm{A}}^{\mathrm{B}} \boldsymbol{F}(\boldsymbol{r}) \cdot d\boldsymbol{r} \tag{4}$$

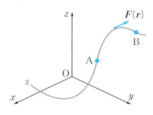

例1 2次元の力の場　$\boldsymbol{F} = (xy, -y^2)$

右図の経路 C_1 に沿っての仕事

$$W_1 = \int_{C_1} \boldsymbol{F}(\boldsymbol{r}) \cdot d\boldsymbol{r} \tag{5}$$

$$d\boldsymbol{r} = (dx, dy)$$

$$\boldsymbol{F} \cdot d\boldsymbol{r} = xy\, dx - y^2\, dy \tag{6}$$

$$C_1 : y = \frac{1}{2}x \tag{*}$$

$$W_1 = \int (xy\, dx - y^2\, dy) = \int_0^2 \left\{ x \cdot \frac{x}{2} dx - \left(\frac{x}{2}\right)^2 \frac{1}{2} dx \right\} = 1 \tag{7}$$

HW1

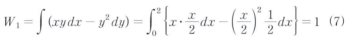

始点と終点を変えないで，経路を C_2 に変えてみる

$$W_2 = \int_{C_2} \boldsymbol{F} \cdot d\boldsymbol{r} = \frac{2}{3} \tag{8}$$

HW2

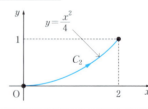

7.7 線積分

❶ 力学の例を考えてみましょう．質点が曲線 s 上を移動したとします．このとき各点で力 $\boldsymbol{F}$ (ベクトル)を受けるとします．そのとき微小変位に対応する微小仕事は $\boldsymbol{F}$ と変位ベクトルのスカラー積で与えられます(式(3))．これを寄せ集めて足しあげれば，s 上の点 A から B まで質点が移動するときに力 $\boldsymbol{F}$ が質点にする仕事が求められます(式(4))．これが，まさに線積分です．

❷ 例を通して具体的な計算方法を学んでいきましょう．この例では，2次元での力のベクトル場 $\boldsymbol{F} = (xy, -y^2)$ を考えます．そして図の C_1 に沿って点 A から B まで動かしたときに力 $\boldsymbol{F}$ がする仕事を計算してみましょう(式(5))．$\boldsymbol{F}$ ベクトルと変位ベクトル $d\boldsymbol{r}$ のスカラー積を計算し(式(6))，C_1 上での x と y の関係(∗)を使って，このスカラー積を x と dx だけで書き表します．

❸ そうすると単に x での積分となり，計算が実行できます(式(7))．結果を確めてください(HW1)．

❹ 次に，経路 C_2 に沿って動かした場合です．この場合も同様の戦略で x 積分に直して，計算を確めてください(式(8)，HW2)．もちろん y 積分に直して計算してもかまいません．

下線 今度は右図の経路 C_3

$$C_3 = C_x + C_y$$

$$W_3 = \int_{C_3} \boldsymbol{F} \cdot d\boldsymbol{r}$$

$$= \underline{\int_{C_y} \boldsymbol{F} \cdot d\boldsymbol{r}} + \underline{\int_{C_x} \boldsymbol{F} \cdot d\boldsymbol{r}} \qquad (9)$$

$$\begin{array}{ll} \Big\downarrow \begin{array}{l} C_y \text{上で } dx = 0 \\ \to d\boldsymbol{r} = (0, dy) \end{array} & \Big\downarrow \begin{array}{l} C_x \text{上で } dy = 0 \\ \to d\boldsymbol{r} = (dx, 0) \end{array} \end{array}$$

$$\int_0^1 (-y^2)\, dy \quad (10) \qquad \int_0^2 xy\, dx \quad (11)$$

$$= \frac{5}{3} \quad \leftarrow \boxed{\text{HW3}} \qquad (12)$$

❶

下線 経路 C_4 上

$$\begin{cases} x = 2t^3 \\ y = t^2 \end{cases}$$

$$\boldsymbol{F} \cdot d\boldsymbol{r} = xy\, dx - y^2\, dy$$

$$= 2t^3 \cdot t^2 \cdot \underbrace{6t^2\, dt}_{dx} - (t^2)^2 \cdot \underbrace{2t\, dt}_{dy} \qquad (13)$$

$$W_4 = \int_{t=0}^{t=1} \boldsymbol{F} \cdot d\boldsymbol{r} = \int_0^1 \underbrace{()}_{\boxed{\text{HW4}}}\, dt = \frac{7}{6} \qquad (14)$$

❷

❶ 次に，この図の経路 C_3 を考えましょう．この場合も，始点と終点はこれまでと同じです．この場合，y 軸上での積分と x 軸と平行な直線上での積分とに分けられます(式(9))．それぞれにおける微小変位ベクトルは片方の成分が 0 であるため，それぞれ y 積分，x 積分となって計算が実行で

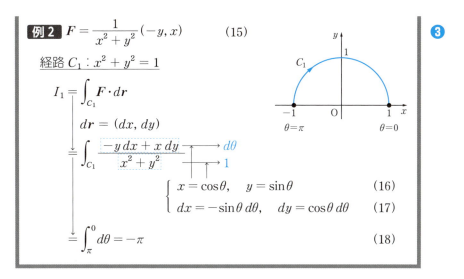

例2 $F = \dfrac{1}{x^2+y^2}(-y, x)$ (15)

経路 $C_1 : x^2 + y^2 = 1$

$$I_1 = \int_{C_1} \boldsymbol{F} \cdot d\boldsymbol{r}$$

$$d\boldsymbol{r} = (dx, dy)$$

$$= \int_{C_1} \frac{-y\,dx + x\,dy}{x^2+y^2} \quad \begin{array}{c} \longrightarrow d\theta \\ \longrightarrow 1 \end{array}$$

$$\begin{cases} x = \cos\theta, \quad y = \sin\theta & (16) \\ dx = -\sin\theta\,d\theta, \quad dy = \cos\theta\,d\theta & (17) \end{cases}$$

$$= \int_\pi^0 d\theta = -\pi \tag{18}$$

きます(式(10), (11)). 式(12)の結果を確めてください(**HW3**).

❷ 次は，経路が媒介変数で与えられている場合．この場合も始点と終点はこれまでと同じです．$\boldsymbol{F}$ ベクトルと微小変位ベクトルのスカラー積を t で表して(式(13))，t 積分を計算します(式(14))．やはり結果を確めてください(**HW4**).

❸ いままでの例では，始点と終点が同じでも仕事は経路によって違いました．ところが重力による位置エネルギーの公式 mgh を思い起こしてみると，エネルギー(仕事)は最初と最後の高さの違い h だけで決まっていて，途中の経路には依存しませんでした．このような力はポテンシャル力といい，物理によく出てきます．以下では，このように，経路を変えても線積分(仕事)の値が変わらない例を取りあげます．やはり 2 次元ですが，式(15)の力を考えます．式(16)と(17)のように，角度変数を使って変数変換することで積分が計算できます(式(18)).

経路 $C_2 = C_A + C_B$

$$I_2 = I_A + I_B \tag{19}$$

$$I_A = \int_{C_A} \boldsymbol{F} \cdot d\boldsymbol{r}$$

　　　C_A 上で $y = x + 1$, $dy = dx$
　　　$\longrightarrow \boldsymbol{F} \cdot d\boldsymbol{r}$ を x と dx で書く

$$= \int_{-1}^{0} \frac{-2\,dx}{(2x+1)^2 + 1} \quad \leftarrow \text{HW5}$$

$$= \Big[-\arctan(2x+1) \Big]_{-1}^{0} \quad \leftarrow \text{HW6}$$

ヒント $\displaystyle\int \frac{dx}{x^2+1} = \arctan x$

$$= -\frac{\pi}{4} + \left(-\frac{\pi}{4}\right) = -\frac{\pi}{2} \quad \leftarrow \text{HW7} \tag{20}$$

　　　C_B 上で $y = 1 - x$, $dy = -dx$

$$I_B = \int_{C_B} \boldsymbol{F} \cdot d\boldsymbol{r} = \Big[-\arctan(2x-1) \Big]_{0}^{1} = -\frac{\pi}{2} \tag{21}$$

　　　　　　　　　HW8

$$I_2 = -\frac{\pi}{2} + \left(-\frac{\pi}{2}\right) = -\pi \quad \leftarrow I_1 \text{と同じ値 !!} \tag{22}$$

　　式(19), (20), (21)

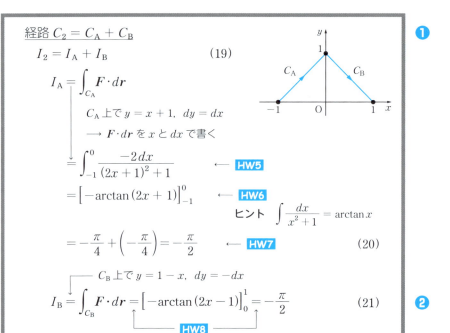

❶ さて，次の経路は図の C_2 です．上の経路と始点，終点は変わりません．これも2つの部分に分けて(式(19))，それぞれの部分での x と y の関係式を使って x 積分に書き換えます．まず，I_A の計算を確めてください(HW5 〜 HW7)．

7.7.1 保存場

例1 では $W_1, \cdots, W_4$ はすべて異なる

例2 では $I_1 = I_2$

始点どうしと終点どうしが同一のとき

① $W = \int F(r) \cdot dr$ が経路による → F は**非保存場**(**例1**)

② $W = \int F(r) \cdot dr$ が経路に**よらない** → F は**保存場**(**例2**)

<u>保存場の判定法</u>

$$\nabla \times F = 0 \quad (\Longleftrightarrow \text{保存場}) \tag{23}$$

└── あとでグリーンの定理を使って示す

❸

❹

❷ 次に I_B を計算すると(式(21), HW8), I_2 として式(22)を得ます．この場合, $I_1 = I_2$ となり, 積分値が経路によらなくなっています．

❸ これまでに計算した例では, 始点どうしと終点どうしが同一であるときに, **例1** のようにベクトル場(力)の線積分で与えられるエネルギーが経路による場合と, **例2** のように, よらない場合がありました．前者の場合のベクトル場を非保存場, 後者の場合を保存場とよびます．

❹ あるベクトル場が式(23)を満たすとき, つまり, そのベクトル場のローテーションがゼロであるとき, その場は保存場であることがいえます．あとで示すように逆も真であり, 保存場ならば, その場のローテーションはゼロです．

34　第7章　ベクトル解析

保存場のポテンシャル　❶

$\nabla \times \boldsymbol{F} = \boldsymbol{0}$ を満たす $\boldsymbol{F}$ に対しては

$$\boldsymbol{F} = -\nabla \phi \tag{24}$$

となる ϕ が存在(あとで示す)

　$\longrightarrow$ ϕ を $\boldsymbol{F}$ の**ポテンシャル**という

このとき $\boldsymbol{F}$ は保存場($\boldsymbol{F}$ の線積分が経路によらない)

　説明

$$\boldsymbol{F} \cdot d\boldsymbol{r} = -\nabla \phi \cdot d\boldsymbol{r}$$

$$= -\partial_i \phi \, dx_i$$

$$= -\left(\frac{\partial \phi}{\partial x} \, dx + \frac{\partial \phi}{\partial y} \, dy + \frac{\partial \phi}{\partial z} \, dz \right)$$

$$\therefore \ \boldsymbol{F} \cdot d\boldsymbol{r} = -d\phi \tag{25}$$

　❷

　↑──全微分

両辺を A から B まで積分

$$\int_A^B \boldsymbol{F} \cdot d\boldsymbol{r} = -\int_A^B d\phi \tag{26}$$

$$= -\Big[\phi \Big]_A^B = \phi_A - \phi_B \tag{27}$$

　❸

　└──→ A と B だけによる

　　　　$\longrightarrow$ 経路によらない

ϕ を見つける方法　❹

例 $\boldsymbol{F} = (2xy - z^3, \ x^2, \ -3xz^2 - 1) \tag{28}$

が保存場であることを示し，$\boldsymbol{F} = -\nabla \phi$ となる ϕ を見つける

$$\nabla \times \boldsymbol{F} = \begin{vmatrix} \boldsymbol{e}_x & \boldsymbol{e}_y & \boldsymbol{e}_z \\ \dfrac{\partial}{\partial x} & \dfrac{\partial}{\partial y} & \dfrac{\partial}{\partial z} \\ 2xy - z^3 & x^2 & -3xz^2 - 1 \end{vmatrix} = \boldsymbol{0} \tag{29}$$

　❺

　↑── HW9

❶ ベクトル場を，あるスカラー関数のグラジエントによって定義できるとき(式(24))，そのスカラー関数をその場のポテンシャル関数とよびます．単に**ポテンシャル**ともいいます．あとで見るように，保存場にはこのようなポテンシャルが必ず存在します．

❷ このことを認めると，式(25)に示したように，$\boldsymbol{F}\cdot d\boldsymbol{r}$ はポテンシャルの全微分 $d\phi$ (にマイナス符号のついたもの)となることがわかります．この式(25)の両辺を点 A から B まで積分してみると(式(26))，右辺の点 A から B までの線積分は，スカラー関数の点 A での値と点 B での値だけに依存することがわかります(式(27))．

❸ このようにして，ポテンシャルが存在すれば，つまりローテーションがゼロならば，その"場"の線積分は経路によらず，始点と終点だけによって決まることがわかりました．すなわちローテーションがゼロならば，保存場であることがわかりました．

❹ 次に，具体的に与えられたベクトル場に対してポテンシャルを決める方法を説明します．あとで見るようにこの方法をもとに，先取りして仮定した"ローテーションがゼロならポテンシャルが存在する"ということも示せます．まずは，式(28)に示したベクトル場のローテーションを計算してみましょう．

❺ ローテーションはゼロになっていますね(式(29), HW9)．なので，ポテンシャルが見つけられるはずです．

原点 O から点 P まで図の経路に沿って

$$I = \int_O^P \boldsymbol{F}\cdot d\boldsymbol{r} \tag{30}$$

$$= -\int_O^P d\phi = -\phi(P) + \phi(O) \tag{31}$$

式(25)

を計算する

$$C_1 : O \to P_1, \quad C_2 : P_1 \to P_2, \quad C_3 : P_2 \to P$$

$$I = \left(\int_{C_1} + \int_{C_2} + \int_{C_3}\right)\boldsymbol{F}\cdot d\boldsymbol{r} \equiv \int_{C_1} + \int_{C_2} + \int_{C_3} \tag{32}$$

$$\boldsymbol{F}\cdot d\boldsymbol{r} = (2x_1 x_2 - x_3^3)dx_1 + x_1^2\, dx_2 - (3x_1 x_3^2 + 1)dx_3$$

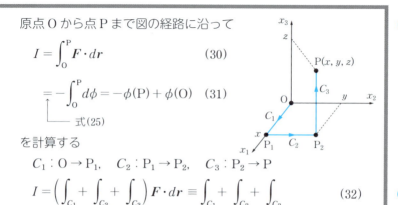

❶

❷

❸

レクチャー

❶ このために図のような点 P にいたるベクトル場の線積分を考えます．式(25)で見たように，スカラー積 $\boldsymbol{F}\cdot d\boldsymbol{r}$ は，存在するはずのポテンシャル ϕ の全微分になっているはずなので(式(31))，式(30)に定義した量 I が計算できれば，ポテンシャルがわかるはずです．

❷ 式(32)のように積分記号 $\int$ の右側に $\boldsymbol{F}\cdot d\boldsymbol{r}$ は省略して書かないという略記法を用いて，計算を進めてみましょう．

❸ ただしここで P の座標 (x, y, z) と軸のよび方として使う x, y, z を区別するため，x, y, z 軸を x_1, x_2, x_3 軸に対応させることにしましょう．

❹ 経路 C_1 上では x_2 と x_3 は一定ですので x_1 軸上での積分だけが残ります．さらに C_1 上では x_2 は 0，x_3 も 0 なので，積分は結局 0 です(式(33))．

❺ 同様に考えると，ここに示したように経路 C_2 と C_3 についての積分も実行できます(式(34), (35))．

7.7 線積分

④
$$\int_{C_1} \underset{\substack{\uparrow \\ C_1 上で dx_2 = dx_3 = 0}}{=} \int (2x_1 x_2 - x_3^3)\, dx_1 = 0 \tag{33}$$
$$\underset{\substack{\uparrow \\ C_1 上で x_3 = 0 \\ C_1 上で x_2 = 0}}{}$$

⑤
$$\int_{C_2} \underset{\substack{\uparrow \\ C_2 上で dx_1 = dx_3 = 0}}{=} \int_0^y x_1{}^2\, dx_2 = x^2 y \tag{34}$$
$$\underset{\substack{\uparrow \\ C_2 上で x_1 = x}}{}$$

$$\int_{C_3} \underset{\substack{\uparrow \\ C_3 上で dx_1 = dx_2 = 0}}{=} -\int_0^z (3x_1 x_3{}^2 + 1)\, dx_3 = -xz^3 - z \tag{35}$$
$$\underset{\substack{\uparrow \\ C_3 上で x_1 = x}}{}$$

⑥
$$\therefore \phi(\mathrm{P}) \underset{\substack{\uparrow \\ 式(30)-(32)}}{=} -x^2 y + xz^3 + z + \phi(\mathrm{O}) \tag{36}$$

⑦
HW10 式(36)の ϕ に対し $-\nabla\phi$ を計算せよ

⑥ こうしてスカラー関数を定数項 $\phi(\mathrm{O})$ を含む形で求めることができました(式(36))．ベクトル場はこの関数のグラジエント，つまり微分で与えられるので，定数項はこの操作で0になり，これが何であっても同じベクトル場が得られるわけです．つまり，ポテンシャルには定数項だけの不定性が許されるわけです．ここで力学における位置エネルギーの公式 mgh を思い起こしましょう．この場合にも，基準をどこにとるかで，エネルギーは定数分だけ違ってくるのでした．このことに対応しているのが ϕ の不定性です．

⑦ **HW10** として，こうして求めた ϕ のグラジエントを計算し，確かにもとのベクトル場が出てくることを確認してください．

定理 　$\nabla \times \boldsymbol{V} = \boldsymbol{0}$ なら $\boldsymbol{V} = -\nabla \phi$ と書ける

　証明

　　$\boldsymbol{V} = -\nabla \phi$ を満たす ϕ を見つければよい

　　右の図に示した経路 $\mathrm{O} \to \mathrm{P}_1 \to \mathrm{P}_2 \to \mathrm{P}$ について

$$I = \int_{\mathrm{O} \to \mathrm{P}} (-\boldsymbol{V}) \cdot d\boldsymbol{r} \qquad (37)$$

　　を定義すると $\nabla I = -\boldsymbol{V}$ となる

　　$\longrightarrow I = \phi + $ 定数

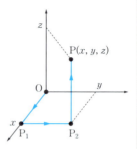

　$I = \phi + $ 定数になっている "ウラ事情"

　　　ϕ が存在するとすれば　$-\boldsymbol{V} \cdot d\boldsymbol{r} = \dfrac{\partial \phi}{\partial x_i} dx_i = d\phi \qquad (38)$

　　$\longrightarrow I = \phi(\mathrm{P}) - \phi(\mathrm{O}) = \phi(x, y, z) - \phi(0, 0, 0) \qquad (39)$
　　　　　$\longmapsto$ 式(38)の両辺を積分

　　$\therefore \ \nabla I = -\boldsymbol{V} \qquad (40)$

$\nabla I = -\boldsymbol{V}$ の説明

$\qquad\qquad \boldsymbol{V} \cdot d\boldsymbol{r} = V_1 dx_1 + V_2 dx_2 + V_3 dx_3$

$$I = -\int_0^x V_1(x_1, 0, 0)\, dx_1 - \int_0^y V_2(x, x_2, 0)\, dx_2$$

$$\qquad - \int_0^z V_3(x, y, x_3)\, dx_3 \qquad (41)$$

$\qquad \dfrac{\partial I}{\partial z} = -\dfrac{\partial}{\partial z} \int_0^z V_3(x, y, x_3)\, dx_3$
$\qquad\qquad \longmapsto$ 式(41)の第1, 2項は z によらない

$\qquad\qquad = -V_3(x, y, z) \quad \longleftarrow$ 式(40)の第3成分成立 $\qquad (42)$
$\qquad\qquad\longmapsto \dfrac{d}{dx} \int_0^x f(x)\, dx = f(x) \qquad (*)$

❶ 次に，先取りして正しいと認めてきたこの定理を証明します．いま計算したのと同じ経路で，一般のベクトル場 V について積分 I を計算してみましょう(式(37))．実はこの積分 I が，ポテンシャル ϕ そのものになっています．

❷ これから証明しようとしていることが正しく，ポテンシャル ϕ が存在するなら積分 I の被積分関数がその全微分になっていることに注意すると式(38)を得ます．この両辺を積分すると式(39)を得て，$I = \phi +$ 定数であることが示せます．

❸ "ウラ事情"がわかったところで，もっと直接に，存在の仮定をせずに $\phi +$ 定数が式(37)の右辺で与えられることを示しましょう．積分 I を3つの経路に分けて書き出すと式(41)のようになりますが，これが ϕ になっていることを示すために，この量のグラジエントを計算し，それがベクトル V にマイナス符号をつけたものになっていること(式(40))を示していきます．

❹ まずは式(40)の z 成分の証明です．式(40)の左辺の z 成分に現れる z 微分の z は経路の終点 P の z 成分を示す z であることに注意してください．この z に依存するのは，経路 C_3 に相当する式(41)の右辺第3項だけです．式(41)をよく見てみると，この第3項の積分の上端に z があり，それ以外には z はありません．この第3項の z 微分は式(∗)を思い起こすと実行できて，式(42)を得ます．つまり，確かに，式(40)の第3成分が成立することがわかりました．

40 第7章 ベクトル解析

$$\frac{\partial I}{\partial y} = -\frac{\partial}{\partial y}\int_0^y V_2(x, x_2, 0)\,dx_2 - \frac{\partial}{\partial y}\int_0^z V_3(x, y, x_3)\,dx_3 \tag{43}$$

    ↑ 式(41)の第1項は y によらない

❶

$$= -V_2(x, y, 0) - \int_0^z \frac{\partial V_3(x, y, x_3)}{\partial y}\,dx_3 \tag{44}$$

    ↑ 式(*)

$$= -V_2(x, y, 0) - \int_0^z \frac{\partial V_2(x, y, x_3)}{\partial x_3}\,dx_3 \tag{45}$$

    ↑ $\nabla \times V = 0$ の第1成分より $\partial V_3/\partial x_2 = \partial V_2/\partial x_3$

$$= -V_2(x, y, 0) - \Big[V_2(x, y, x_3)\Big]_{x_3=0}^{x_3=z} \tag{46}$$

$$= -V_2(x, y, 0) - \{V_2(x, y, z) - V_2(x, y, 0)\}$$

$$= -V_2(x, y, z) \quad \longleftarrow \text{式(40)の第2成分成立} \tag{47}$$

$$\frac{\partial I}{\partial x} = -\frac{\partial}{\partial x}\int_0^x V_1(x_1, 0, 0)\,dx_1 - \frac{\partial}{\partial x}\int_0^y V_2(x, x_2, 0)\,dx_2$$

$$-\frac{\partial}{\partial x}\int_0^z V_3(x, y, x_3)\,dx_3 \tag{48}$$

❷

$$= -V_1(x, 0, 0) - \int_0^y \frac{\partial V_1(x, x_2, 0)}{\partial x_2}\,dx_2$$

$$-\int_0^z \frac{\partial V_1(x, y, x_3)}{\partial x_3}\,dx_3 \tag{49}$$

    ↑ $\nabla \times V = 0$ より

$$\partial V_2/\partial x_1 = \partial V_1/\partial x_2, \ \ \partial V_3/\partial x_1 = \partial V_1/\partial x_3 \tag{50}$$

$$= -V_1(x, 0, 0) - \{V_1(x, y, 0) - V_1(x, 0, 0)\}$$

$$-\{V_1(x, y, z) - V_1(x, y, 0)\} \tag{51}$$

❸

$$= -V_1(x, y, z) \quad \longleftarrow \text{式(40)の第1成分成立}$$

$$\therefore \ \nabla \times V = 0 \text{ なら } \nabla I = -V$$

❶ 次に式(40)の第2成分の証明です．式(41)を見てみると，終点Pのy成分のyは右辺第2項と第3項に入っています．式(41)の右辺第2項に相当する式(43)の第1項(第2成分での積分)は，式(∗)を使って処理しますが，このV_2のz成分は0になっています．式(41)の右辺第3項に相当する式(44)の第2項(第3成分での積分)は，$\nabla \times \boldsymbol{V} = \boldsymbol{0}$を使い，$y$微分を第3成分での微分に書きかえる(式(45))と積分が実行できるようになります(式(46))．するとキャンセレーションが起こり，式(40)の第2成分の証明が完了します(式(47))．

❷ 次に，式(40)の第1成分です．終点Pのx成分を表すxは式(41)で3か所に出てくるので，式(48)のように3つの項を相手にしなくてはなりませんが，$\nabla \times \boldsymbol{V} = \boldsymbol{0}$から示せる式(∗)を使って微分を書きかえると(式(49))，第2項と第3項の積分は実行できます(式(51))．

❸ あとはやはりキャンセレーションにより，望みの式(40)の第1成分についての証明が終了です．以上で式(40)の第1～3成分が示せたので，証明終了です．

7.8 2次元のグリーンの定理

一重積分から 0 重積分への変換

$$\int_a^b \frac{df(x)}{dx}dx = f(b) - f(a) \tag{1}$$

二重積分から一重積分への変換 ⇔ 面積分から線積分への変換
　→ ストークスの定理

三重積分から二重積分への変換 ⇔ 体積分から面積分への変換
　→ ガウスの定理

面積分

$$\iint_A \frac{\partial F(x,y)}{\partial x} dxdy \tag{2}$$

$$= \int_c^d dy \int_a^b dx \frac{\partial F(x,y)}{\partial x}$$

$$= \int_c^d dy \{F(b,y) - F(a,y)\} \tag{3}$$

☑注 上の2変数関数 $F(x,y)$ について $\partial_x F$, $\partial_y F$ は連続とする

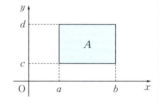

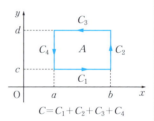

$C = C_1 + C_2 + C_3 + C_4$

線積分

$$\oint_C F(x,y)\,dy = \int_{C_1} + \int_{C_2} + \int_{C_3} + \int_{C_4} \tag{4}$$

$\quad\quad\quad\quad\quad\;\; =0\;\;\;\;\;\;\;\;\;\; x=b\;\;\;\;\;\; =0 \;\;\;\;\;\;\;\;\;\; x=a$
$\quad\quad\quad\quad\quad dy=0\;\;\;\;\;\;\;\;\;\;\;\;\;\;\;\;\;\; dy=0$

$$= \int_c^d F(b,y)\,dy + \int_d^c F(a,y)\,dy \tag{5}$$

$\quad\quad\quad\quad\quad\quad\;\; C_2 \;\;\;\;\;\;\;\;\;\;\; C_4\,より$

$$= \int_c^d \{F(b,y) - F(a,y)\}\,dy \tag{6}$$

7.8 2次元のグリーンの定理 **43**

レクチャー

❶ ここで，今後のメインテーマであるストークスの定理とガウスの定理に入る前に，2次元のグリーンの定理を紹介しておきます．まずは自明な公式(1)から．これを "一重積分から0重積分への変換公式" と見なすと，実はストークスの定理やガウスの定理は，その拡張と見なすこともできます．すなわち，ストークスの定理は面積分を線積分に変換する，すなわち二重積分を一重積分に変換する公式です．そして，ガウスの定理は体積積分を面積分に変換する，すなわち三重積分を二重積分に変換する公式です．

　2次元のグリーンの定理も面積分を線積分にする公式の1つで，ストークスの定理やガウスの定理の証明法とも類似性をもちます．このような "積分の次数下げ" の公式は，これからいくつも出てきます．なお，面積分を面積積分，体積分を体積積分ということもあります．

❷ さて本題のグリーンの定理ですが，いま2変数関数 F を考え，その1階偏微分はいずれも連続であるとします．ここで図中の四角形の面積 A についての面積分(2)を考えてみましょう．すると冒頭で取りあげた "一重積分から0重積分への変換公式"(1)を使うことで，式(3)の結果を得ます．

❸ 次に，同じ面積 A の "縁"（周）に沿った閉じた線積分を考えます．式(4)の左辺の積分記号 $\int$ に ○ がついているのは，経路が閉じていることを示しています．各経路ごとに分けて考えます(式(4))．すると経路 C_1 と C_3 の上では y が一定なので，対応する積分は0になります．

❹ 残りの経路上では x の値が決まっていることにも注意すると式(5)を得て，これから式(6)が得られます．

式(3)と(6)より

$$\iint_A \frac{\partial F(x,y)}{\partial x} dxdy = \oint_C F(x,y)\, dy \qquad (7)$$

∴ $\dfrac{\partial F}{\partial x}$ の面積 A 上での面積分 $= F$ の A の周上での線積分

　　ただし，周上の経路 C は反時計まわり

同様に

$$-\iint_A \frac{\partial F}{\partial y} dxdy = \oint_C F\, dx \qquad (8)$$

　　　　　　　　式(7)と同様にして示せ（**HW1**）

式(7)で $F=Q$，式(8)で $F=P$ として辺々加えると

$$\oint_C (P\,dx + Q\,dy) = \iint_A \left(\frac{\partial Q}{\partial x} - \frac{\partial P}{\partial y} \right) dxdy \qquad (9)$$

実は式(9)は任意の A について成立

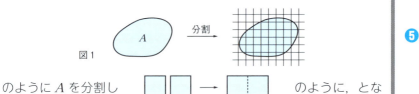

図1

のように A を分割し　　　　　　　　　　　　のように，となりあう領域について考える

レクチャー

❶　こうして得られた式(3)と(6)が等しいので，式(7)が得られます．こうして面積 A 上での面積分を，その周上での線積分に変換する"次数下げ"の公式が得られました．

❷　ここで，積分の経路は反時計まわりであることに注意しましょう．領域 A を左に見ながらまわる向きです．閉じた経路に沿った積分では今後，と

関係式(9)をシンボリックに書く

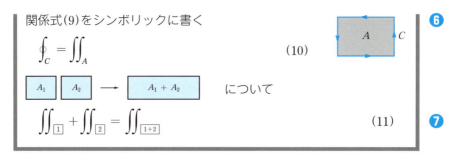

❻

$$\oint_C = \iint_A \qquad (10)$$

について

$$\iint_{\boxed{1}} + \iint_{\boxed{2}} = \iint_{\boxed{1+2}} \qquad (11)$$

❼

くに断りがなければ，経路はこの向きにとることにします．勘違いして経路の向きを反対にとると，積分の符号が反対になることも指摘しておきます．

❸ 同様にして式(8)を証明してみてください．

❹ これらの式から P と Q に関する式(9)が得られます．

❺ この段階では，四角形の面積 A 上の面積分とその周 C 上の線積分の間の関係ですが，実はこの式を使うと，図1左のような任意の面積 A とその周 C についても同じ関係が成立することが証明できます．アイディアとしては，面積 A を図1右のような無限小の四角形に分割するということと，となりあった四角形の面積上での面積分の和と，それらの周上の積分の和に着目する，ということです．

❻ このアイディアに基づいて議論を進めます．まず，これまでに示した四角形の面積 A とその周 C についての関係式をシンボリックに式(10)のように書きましょう．なお以下では，小さな四角形は微小面積であるとします．

❼ すると，となりあった2つの四角形についての面積分を足すと，2つの四角形を合わせた長方形の四角形での面積分に等しくなることがわかります(式(11))．

同様に 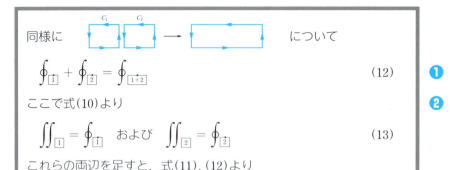 について

$$\oint_{\boxed{1}} + \oint_{\boxed{2}} = \oint_{\boxed{1+2}} \tag{12}$$

❶

ここで式(10)より

❷

$$\iint_{\boxed{1}} = \oint_{\boxed{1}} \quad \text{および} \quad \iint_{\boxed{2}} = \oint_{\boxed{2}} \tag{13}$$

これらの両辺を足すと，式(11),(12)より

$$\iint_{\boxed{1+2}} = \oint_{\boxed{1+2}} \tag{14}$$

式(11)と(12)を，次のように略記

$$\iint_{\boxed{}} = \iint_{\boxed{}} \quad \text{および} \quad \oint_{\boxed{}} = \oint_{\boxed{}} \tag{15}$$

❸

レクチャー

❶ となりあった四角形についての線積分どうしを足しても，実は，同様のことがいえます．この場合には2つの経路 C_1 と C_2 とが重なっている部分がありますが(式(12))，ここでは経路の向きが互いに逆向きなので，積分を足し合わせるとキャンセルされ，このため2つの経路 C_1 と C_2 の線積分の和は，2つの四角形を合わせた長方形の周上での線積分と等しくなるのです．

❷ すると式(11),(12)の左辺の各項に対し(13)が成立するため，式(14)が成立します．

❸ ところで式(11),(12)の面積分と線積分に関する〝足しあげの結果〟を，式(15)のようにシンボリックに表現します．

すると

 (16)

これらより，式(13)と同様の式を考えると

$$\iint_{\sqsubset\!\sqsupset} = \oint_{\cdot} \qquad (17)$$

このように足しあげを続ければ，任意の領域を構成できる

つまり，右図のように任意の面積を無限小に分割して考えたとき

$$\iint_A = \oint_C \qquad (18)$$

❹ すると，たとえば式(16)に示した4つの面積分の和に関する関係式と，4つの線積分の和に関する関係式は，ほぼ自明でしょう．一方，もともとの小さな四角形各々に対して式(13)のような式が成立していますので，式(17)が成立します．

❺ このようにして足しあげを続けていけば任意の形を構成できます．なので，式(10)は任意の平面領域に対して成り立つのです．

❻ つまり，任意の面積を無限小の四角形に分割して考えれば，各々の無限小の四角形については面積分と線積分が等しいので，もとの任意の平面領域についても面積分と線積分は等しいと結論できるわけです(式(18))．

まとめると

2次元のグリーンの定理 ❶

$$\iint_A \left(\frac{\partial Q}{\partial x} - \frac{\partial P}{\partial y}\right) dxdy = \oint_{\partial A} (Pdx + Qdy) \tag{19}$$

ここで, ∂A は, A の周を表す. 向きは反時計まわり

☑**注** $\partial Q/\partial x$, $\partial P/\partial y$ は連続；A は"単連結" ❷

式(19)は"二重積分 ↔ 一重積分"という公式 ❸

例 $\boldsymbol{F} = (F_x, F_y) \to \boldsymbol{F} = (F_x, F_y, 0)$ に対して, 定理(19)を使う ❹
$\boldsymbol{F} = (P, Q)$ と見なすと

$$W = \oint_{\partial A} \boldsymbol{F} \cdot d\boldsymbol{r} = \oint_{\partial A} (F_x dx + F_y dy) \tag{20}$$ ❺

$$= \iint_A \underbrace{\left(\frac{\partial F_y}{\partial x} - \frac{\partial F_x}{\partial y}\right)}_{= (\nabla \times \boldsymbol{F})_z} dxdy \tag{21}$$

❶ この結論を使って, 面積分から線積分への"次数下げ"の公式の一種である2次元のグリーンの定理が示されました(式(19)). 式(19)の右辺では, ∂A という記号を使いました. これは面積 A に対して, その周を表す記号です. 線積分の向きは, ここでも反時計まわりと約束しておくことにします.

❷ この公式(19)では, P と Q の微係数が連続という条件がいることを思い起こしましょう. またあとで(7.12節)説明しますが, 領域 A はまったく任意ではなく, 単連結領域とよばれる, 1つにつながった, 穴の空いていない領域を考えています. 別の言い方をすると, 周がぐるっと1周しか

ない領域です(実は，穴の空いた領域に対しても，線積分について，その向きを反時計まわり，領域を左手に見る向きとして，すべての周についての和とすれば，式(19)は成立することがいえます)．

❸ さて以上の証明法を振り返ってみると，まず微小要素について成り立つ"次数下げ"の積分公式を導きました．そして，それをもとに任意の領域についての"次数下げ"の公式を得たわけです．のちに扱うストークスの定理もガウスの定理もまったく同じ戦略(微小要素 → 任意の領域)で証明できます．以上の議論はそのお手本となるものなのです．

❹ さて，この公式を使ってみましょう．2次元の力の場の第1成分と第2成分を，それぞれ P, Q と見なしましょう．なお，この2次元の力のベクトルは，第3成分が0の3次元のベクトルとも見なせることに注意しましょう．

❺ さて，この力の場 F において，ある領域 A の周囲に沿った閉じた積分，つまり，そのように質点を動かしたときの仕事 W を考えてみましょう(式(20))．するとグリーンの定理を使って，もともとの線積分は，領域 A 上での面積分に置き換えられます(式(21))．この面積分に現れる被積分関数は，3次元ベクトルとして見なした力の場 F のローテーションの第3成分であることに注意します．

したがって $\nabla \times \boldsymbol{F} = \boldsymbol{0}$ なら
$$W = \oint_{\partial A} \boldsymbol{F} \cdot d\boldsymbol{r} = 0 \tag{22}$$

❶

∴ 任意の閉路で $\oint \boldsymbol{F} \cdot d\boldsymbol{r} = 0$

❷

$\Longleftrightarrow \int_A^B \boldsymbol{F} \cdot d\boldsymbol{r}$ は経路によらない

∴  (23)

❸

レクチャー

❶ したがってもし，$\nabla \times \boldsymbol{F} = \boldsymbol{0}$ であるならば，この経路に沿った仕事は 0 です（式(22)）．

❷ このことは 2 次元の力の場 $\boldsymbol{F}$ に対し，$\nabla \times \boldsymbol{F} = \boldsymbol{0}$ ならば，任意の閉じた経路での積分が 0 になることを示しています．実はこのことは，始点と終点が同じなら，この力の場の線積分が経路によらないことと同値です．これは，保存力場について議論したときに触れた事柄です．ここでは，このことが〝2 次元の力の場について正しい〟と証明されたことになります．一般の 3 次元の場についても正しいという証明はのちに扱います．

❸ さて，なぜ〝任意の経路で積分が 0 になる〟ことと〝積分が経路によらない〟ことが同値になるのかは，式(23)からわかると思います．つまり，点 A と B を通る任意の閉じた経路を考え，それを 2 つに分割すれば，片方は A から B への積分，もう一方は B から A への積分となりますが，後

例 $V = (V_x, V_y, 0) = (P, Q, 0)$

$\dfrac{\partial Q}{\partial x} - \dfrac{\partial P}{\partial y} = (\nabla \times V)_z$
   ↑ **HW2**

     $= (\nabla \times V) \cdot \boldsymbol{e}_z$ (24) ❹

     ↑ $\boldsymbol{a} = (a_x, a_y, a_z)$ のとき $\boldsymbol{a} \cdot \boldsymbol{e}_z = a_z$
             ↑ $\boldsymbol{e}_z = (0, 0, 1)$

$P\,dx + Q\,dy = \boldsymbol{V} \cdot d\boldsymbol{r}$ (25) ❺
    ↑ **HW3**

よって

$\displaystyle\iint_A (\nabla \times V) \cdot \boldsymbol{e}_z\, dxdy = \oint_{\partial A} \boldsymbol{V} \cdot d\boldsymbol{r}$ (26) ❻
   ↑ 2次元のストークスの定理(あとで)

者はマイナス符号をつければ，AからBへのもう一方の積分となります．これらの積分の和が0であることと，これらAからBへの2通りの経路に対する積分の値は同じになることは同値です．さらに，これがAとBを通る任意の経路についていえることを思い起こせば，証明は終わりです．

❹ 定理(19)の2つ目の応用例です．第3成分が0のベクトル V を考え，その第1成分と第2成分をそれぞれ P と Q に対応させます．ここでグリーンの定理の面積分の被積分関数を考えると，式(24)を得ます．

❺ 一方，P と Q について，グリーンの定理の線積分に現れる微小量を考えると，式(25)を得ます．

❻ 式(24), (25)より，グリーンの定理(19)を使うと，式(26)が成立します．これはあとで示すストークスの定理の〝2次元版〟になっています．

7.9 ダイバージェンスとガウスの定理

7.9.1 ダイバージェンスの物理的意味

1 次元の水の流れ $V(x)$

面 1 からの "流入":

$V(x)dt$　単位断面積当り　①

面 2 からの "流出":

$V(x+dx)dt$　　②

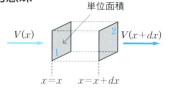

図 1　体積 $1 \cdot dx$ の箱への流入と流出

"単位体積当り・単位時間当りの "正味" の流出" = "わき出し":

$$\frac{② - ①}{dxdt} = \frac{\partial V}{\partial x} \qquad (1)$$

HW1

図 2

☑ **注** 式(1) の右辺は，$\boldsymbol{V} = (V, 0, 0)$ のときの $\nabla \cdot \boldsymbol{V}$ になっている

一般の流れと断面積

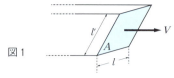
図 1

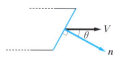
図 2

面積 A を通した時間 dt の間の流出:

 の面積 $\times l$

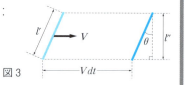
図 3

$= l'' \times V dt$

$= l' \cos\theta \times V dt \times l \quad (\because l'' = l' \cos\theta)$

$= A \cos\theta\, V dt \quad (\because A = ll')$

$= \boldsymbol{V} \cdot \boldsymbol{n}\, A\, dt \qquad (2)$

$\implies$ 単位時間当り・単位面積当りの流出: $\boldsymbol{V} \cdot \boldsymbol{n} \qquad (3)$

7.9 ダイバージェンスとガウスの定理   53

❶ さていよいよ，ダイバージェンスとガウスの定理に入ります．

❷ まず，ダイバージェンスの物理的意味をイメージするために，1次元の水の流れを考えます．水が x 軸方向に速さ V で流れているとします．図1のように $x=x$ と $x=x+dx$ の位置に単位面積の断面(それぞれ1と2とよぶ)をもつ直方体を考え，その内部へ流入する水の体積とそこから流出する水の体積とを考えます．断面1では時間 dt の間に $V(x)dt$ だけの水が流れ込みます．なぜなら dt の間に，図2のように水の断面は $V(x)dt$ だけ進むからです．同様に断面2からは $V(x+dx)dt$ だけの水が流出します．dt 間の正味の流出量(単に流出ともいう)は，断面2での流出量から断面1での流入量を引いたものになります．

❸ よって，単位時間当り・単位体積当りの正味の流出，すなわち わき出し は，この直方体の体積が dx であることから，式(1)に示したように V の x 微分となります．この確認はテーラー展開を思い起こせばできます(HW1)．

❹ この量は，この流れに対応する3次元速度ベクトルを考えると，そのダイバージェンスになっていることに注意してください．

❺ 以上の議論をより一般化するために，図1のように流れの方向と，着目する断面とが直交していない場合について考えます．図1を真横から見た図2に示したように，内側から外側への流れ V が断面の法線方向と角度 θ をなすとします．図1, 2において断面の面積は A とし，各辺の長さを l, l' とします．つまり $A=l\times l'$ です．このとき，この断面を通した dt 間の流出は，図3を助けに考えると式(2)で表せます．

❻ つまり単位時間当り・単位面積当りの流出は，単に V ベクトルに単位法線ベクトル n を掛けたものです．

微小体積要素からの流出

図 4 の体積要素の 6 つの面を通した流入，流出を考える

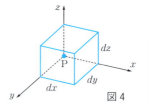

図 4

面 1 , 2 (図 5)に着目

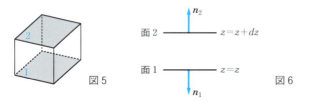

図 5　　　　　　　　　　　　図 6

面 1 を通しての流出(単位時間・面積当り)：

$$V \cdot n_1 = -V_z(x, y, z) \quad \text{③}$$

$n_1 = -e_z = (0, 0, -1)$

面 2 を通しての流出：

$$V \cdot n_2 = V_z(x, y, z+dz) \quad \text{④}$$

$= (0, 0, 1)$

面 1 , 2 を通しての正味の流出(単位時間当り)：

$$\text{③} + \text{④} = \frac{\partial V_z}{\partial z} dz dx dy \quad (4)$$

HW2

HW3 面 3 , 4 を通した正味の流出(単位時間当り)が

$$\frac{\partial V_x}{\partial x} dx dy dz \quad (5)$$

であることを示せ(下図参照)

HW4 面 5, 6 を通した正味の流出
（単位時間当り）が

$$\frac{\partial V_y}{\partial y}dy\underline{dxdz} \quad (6)$$

であることを示せ（右図参照）

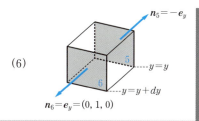

レクチャー

❶ 次に，図4のように，点Pを頂点とする体積要素を考えます．体積は $dxdydz$ です．この直方体には6つの面がありますが，3つのペアに分けて正味の流出をカウントしていきます．

❷ まずは図5とそれを真横から見た図6に示した面1と面2を通した流出を考えましょう．

❸ 面1を通した単位時間当り・単位面積当りの流出は，面1の法線ベクトルが z 軸方向の単位ベクトルにマイナス符号がついたものであることから，式③となります．面2に関して考えると，今度は法線ベクトルが z 軸方向の単位ベクトルであることから式④となります．

❹ これらの面の面積がともに $dxdy$ であることから，これらの面を通しての単位時間当りの"正味の流出" = "わき出し"は，式(4)で与えられます．この式の確認にはやはりテーラー展開が必要です（**HW2**）．

❺ 次に面3と面4について考えると，それぞれの法線ベクトルが x 軸方向の単位ベクトル，もしくはその反対向きとなることから，面1と面2のときと同様にして式(5)を得ます（**HW3**）．

❻ 最後に面5と面6について考えると，式(6)となります（**HW4**）．

式(4)-(6)より，6つの面を通した正味の流出：

$\nabla \cdot V \, dxdydz$ (7)

$= \partial V_x/\partial x + \partial V_y/\partial y + \partial V_z/\partial z$ (8)

単位時間・単位体積当りの"正味の流出"（="わき出し"）：

ダイバージェンス $\nabla \cdot V$ (9)

水の流れ

わき出し，吸い込みなしとする

時間 Δt の間に，単位体積当りの水の質量の増加 $\Delta \rho$

$\Delta \rho = -\nabla \cdot (\rho V) \Delta t$ (10)

連続の式（質量保存の式） $\dfrac{\partial \rho}{\partial t} + \nabla \cdot (\rho V) = 0$ (11)

7.9.2 ガウスの定理

断面 dS を通しての単位時間当りの流出：

$V \cdot n \, dS$ (12)

$= dS$（面積ベクトル） (13)

❶ 結局，6つの面を通した単位時間当りの正味の流出は式(8)となります．

❷ したがって単位時間当り・単位体積当りの正味の流出は，V ベクトルのダイバージェンスそのものとなります（式(9)）．これがダイバージェンスの物理的な意味です．

7.9 ダイバージェンスとガウスの定理   57

❸ ここで応用例として，流体力学における質量保存を表す〝連続の式〟を説明します．

❹ わき出し口や吸い込み口がないとして水の流れを考えます．微小体積 $dxdydz$ を考え，その体積内の水の質量が時間 dt の間に単位体積当り $\Delta\rho$ だけ増加したとします．そのような増加は，質量が保存し，わき出し口や吸い込み口がないとするならば，微小体積の 6 つの面を通した正味の流入しかありえません．ですから単位体積当り・単位時間当りでは，質量の流れに対するダイバージェンスに等しくなっているはずです．

❺ そこで単位体積当り・時間 Δt 当りでは式(10)が成立します．この関係式で Δt が微小の極限を考えれば，式(11)に示した微分方程式が得られます．これが流体力学における**連続の式**です．

❻ 次に，いよいよ**ガウスの定理**です．これは，ダイバージェンスのことを発散ということから**発散定理**ともよばれます．物理法則としてのガウスの定理は電磁場に対する法則ですが，数学的にはここに述べる，より一般的なものをガウスの定理あるいは発散定理とよびます．

❼ さて，面積 dS の断面とそれを横切る流れベクトル V を考えると，この断面を通しての単位時間当りの流出は，これまでの議論から一般に，式(12)となります(52 ページの式(3)参照)．ここで法線ベクトル n と面積 dS を掛けた量を面積ベクトル dS として表しています(式(13))．

58　第7章　ベクトル解析

> 54ページ図4の体積要素 ▭ からの単位時間当りのわき出し：
>
> $$\sum_{i=1}^{6} \boldsymbol{V} \cdot d\boldsymbol{S}_i = \nabla \cdot \boldsymbol{V}\, \overline{dv} \quad \underset{= dxdydz}{} \tag{14}$$
>
> 　　　　　　↑── 式(7)
>
> ⇕
>
> $$\iint_{\square} \boldsymbol{V} \cdot d\boldsymbol{S} = \iiint_{\square} \nabla \cdot \boldsymbol{V}\, dv \tag{15}$$

❶

❷

❶　次に，54ページ図4の体積 $dv = dxdydz$ の微小体積要素を考えます．この6つの面を通した単位時間当りの正味の流出が，$\boldsymbol{V}$ のダイバージェンスに dv を掛けたものになること(式(14))は式(7)ですでに証明しました．

❷　この事実を，式(15)のようにシンボリックに書いてみます．dv が微小なので(この体積内で $\nabla \cdot \boldsymbol{V}$ の値は同じと見なせるため)右辺に $\iiint$ を付けました．そして2次元のグリーンの定理の証明のときとよく似たことを考えます．式(15)は，1つの"小箱"に対する体積積分(右辺)と，その表面についての面積分(左辺)の関係式です．これはグリーンの定理の証明の過程で現れた，1つの四角形に対する面積分とその周上での線積分との関係式(45ページの式(10))に対応しています．グリーンの定理では，小さなとな

7.9 ダイバージェンスとガウスの定理　59

$$\iiint_{\square_1} + \iiint_{\square_2} \equiv \iiint_{\square_{1,2}} = \iiint_{\square} \quad (16)$$ ❸

$$\Rightarrow \iiint_{\square} = \iiint_{\square} \quad (17)$$ ❹

$$\Rightarrow \sum_i \iiint_{\square} = \iiint_{\text{任意の体積 } V} \quad (18)$$ ❺

V を分割したすべての箱に関する和

りあった四角形を考えましたが，ここでは，小さなとなりあった 2 つの小箱を考えます．

❸ まず，式(16)の 1 番目の等号($\equiv$)の左辺のように，式(15)の右辺に現れる体積積分を 2 つのとなりあった小箱について足したものについて考えます．これを式(16)の 1 番目の等号($\equiv$)の右辺のように表すことにすると，これは式(16)の 2 番目の等号($=$)の右辺のように，もともとの 2 つの小箱を足してできる 1 つの箱に対する体積積分に等しくなります．

❹ 同様に考えれば，3 つの小箱に対する体積積分の和は，これらの小箱を足しあげた 1 つの箱の体積積分と等しくなることがわかります(式(17))．

❺ この議論を拡張すれば，任意の体積領域に対する体積積分は，微小体積の集合体，それぞれの体積積分の和として表すことができることになります(式(18))．

$$\iint_{\square_1} + \iint_{\square_2} \equiv \iint_{\square_{1,2}} = \iint_{\square} \qquad (19)$$ ❶

$$\Rightarrow \iint_{\square} = \iint_{\square} \qquad (20)$$ ❷

$$\Rightarrow \sum_i \iint_{\square} = \iint_{\text{任意の体積 } V \text{ の表面}} \qquad (21)$$ ❸

$\underbrace{\qquad}_{V \text{ を分割したすべての箱に関する和}}$

式(18)と(21)，および式(15)より

ガウスの定理 ❹

$$\iint_{\partial \Omega} \boldsymbol{V} \cdot d\boldsymbol{S} = \iiint_{\Omega} \nabla \cdot \boldsymbol{V}\, dv \qquad (22)$$

$\underbrace{\qquad}_{\Omega \text{ の表面}} \underbrace{\qquad}_{\text{任意の体積}}$

❶ 式(19)の1番目の等号($\equiv$)の左辺のように，次に式(15)の左辺にある，小箱の表面についての面積分を2つのとなりあった小箱について足したものを考えます．これを，式(19)の1番目の等号($\equiv$)の右辺のように表すとすると，これは2つの小箱を足してできた1つの箱の表面についての面積分と書けます(式(19)の2番目の等号($=$)の右辺)．なぜなら，この2つの小箱が共有する面は互いに法線ベクトルの向きが反対向きになっているので，この2つの面の寄与は正確にキャンセルします．したがって，残った $5 + 5 = 10$ の面に対する面積分と等しくなります．そして，それはまさしく，式(19)の2番目の等号($=$)の右辺の2つの小箱を足してできた1つの箱の表面についての面積分となります．

7.9 ダイバージェンスとガウスの定理

❷ 同様にして，3つの小箱に対する式(20)が成立します．なぜなら右辺の箱の内部に現れる，左辺の小箱の共有面は必ずとなりあった2つの小箱で共有されているため，法線ベクトルの向きが反対になっているペアとして現れるからです．このため内部の面に対する寄与は全部消えてしまいます．したがって正味の量としては右辺に表したように，3つの小箱を足してできる1つの立体の表面についての積分となります．

❸ この議論を拡張すれば，任意の体積領域の表面に対する面積分は，微小体積の集合体，それぞれの面積分の和として表すことができることになります(式(21))．

❹ ここで式(18)の左辺と式(21)の左辺は，分割された小箱それぞれについて式(15)が成立しているため，等しくなります．したがって，式(18)と(21)の右辺どうしが等しくなります．つまり，任意の体積領域に対する体積積分とその表面に対する面積分の関係式(22)，すなわち**ガウスの定理**が成立します．ここでは体積を Ω で表し，それに ∂ をつけた記号 $\partial\Omega$ でその表面を表しています．この記号もグリーンの定理のときの A と ∂A の関係にならったものです．

7.10 ローテーションとストークスの定理

7.10.1 ローテーションの物理的意味

準備　角速度ベクトル

ベクトル $\boldsymbol{\omega}$ は
　大きさ：ω
　向　き：回転軸方向．右ねじの進む向き

ベクトル $\boldsymbol{\omega} \times \boldsymbol{r}$ は
　向　き：$\boldsymbol{v}$ の向き
　大きさ：$\omega r \sin\theta \longrightarrow \boldsymbol{v}$ の大きさ

$\Longrightarrow \boldsymbol{v} = \boldsymbol{\omega} \times \boldsymbol{r}$ 　　　　　(1)

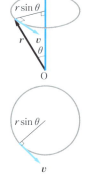

"点 P のまわり" の角速度

z 軸まわり (xy 平面)

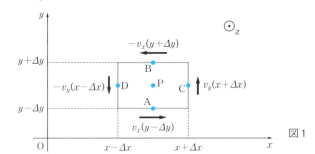

図 1

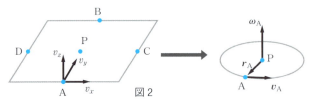

図 2　　図 3

点 A
$$v_x(x,\ y - \Delta y) = \omega_A \Delta y \quad (2)$$

点 B
$$-v_x(x,\ y + \Delta y) = \omega_B \Delta y \quad (3)$$

7.10 ローテーションとストークスの定理 **63**

❶ ダイバージェンスはわき出しという物理的な意味をもっていましたが，あるベクトルのローテーションは，そのベクトルを流れの場と見なすと，回転運動における角速度ベクトルを一般化した渦度という量に対応します．この理解に向け，"角速度ベクトル"と回転運動の速度の関係を調べてみましょう．

❷ 質点が角速度 ω で回転運動をしているとき，図のように質点の位置ベクトル r と回転軸がなす一定の角度を θ とします．ここで"角速度ベクトル ω"を，大きさが ω で，向きが回転軸と平行な向きのベクトルと定義します．向きは，右ねじをまわしたときにねじが進む方向を正とします．このとき質点の描く円周上で質点が接線方向の向きをもつ速度ベクトル v は式 (1)で与えられます．このベクトル積のベクトルの向きは，ベクトル v の向きを向いており，大きさは角速度に回転半径を掛けたものになっているからです．この公式(1)は，高校で習った $v = r\omega$ を一般化した公式です．

❸ さて，角速度と速度の関係についてウォーミングアップが終わったところで"点 P の z 軸まわりの角速度"について考えてみましょう．このために点 P のまわりに，図1のように xy 平面に小さな四角形領域を考えて，回転軸が z 軸方向を向いていると想定して議論を進めます．

❹ 図2のように，点 A での速度ベクトル v を3成分 v_x, v_y, v_z に分解すると，図3のように v_x は点 P を中心とした xy 面内の円運動の速度と見なすことができます．つまり，図3のように $\omega_A = (0, 0, \omega_A)$，$r_A = (0, -\Delta y, 0)$，$v_A = (v_x(x, y - \Delta y), 0, 0)$ をとります(同様に図2において，v_z は点 P を中心とした yz 面内の円運動の速度と見なせることに注意)．すると点 A での式(1)は式(2)のように表せます．同じことを点 B で考えると，今度は式(3)が成立します．これらの式で ω は一般には異なる値となるため，区別して ω_A, ω_B と書きました．つまり点 P の z 軸まわりの角速度を考えようとすると，その値は着目する点によってしまうわけです(この場合，点 A か点 B によって違う)．このため上の ❸ では"点 P のまわりの角速度"と" "をつけておいたのです．

点 A, B の平均

$$\frac{\omega_A + \omega_B}{2} = -\frac{v_x(y+\Delta y) - v_x(y-\Delta y)}{2\Delta y}$$

$$= -\frac{\partial v_x}{\partial y} \quad (4)$$

HW1 以下を示せ

$$\frac{\omega_C + \omega_D}{2} = \frac{\partial v_y}{\partial x}$$

z 軸まわりの "渦度"（xy 平面）

$$\frac{\omega_A + \omega_B + \omega_C + \omega_D}{4} = \frac{1}{2}\left(\frac{\partial v_y}{\partial x} - \frac{\partial v_x}{\partial y}\right) = \Omega_z \quad (5)$$

❶ そこで "点 P の z 軸まわりの角速度" として，点 A から D までの 4 点での "角速度" の平均を考えます．まず点 A と B での平均は，式(4)のように速度の x 成分の y 微分として書けます．これもテーラー展開の公式を思い起こせばすぐに理解できますね．点 C と D での平均は，y 成分の x 微分となります（**HW1**）．

❷ このようにして，点 P の z 軸まわりの平均角速度ベクトル $\boldsymbol{\Omega} = (0, 0, \Omega_z)$ が式(5)で定まりました．これを渦度というベクトル量の z 成分と定義します．これはベクトル $\boldsymbol{v}$ のローテーションの z 成分の半分になっています．

7.10 ローテーションとストークスの定理　65

❸

x 軸まわりの"渦度"（yz 平面）

$$\Omega_x = \frac{1}{2}\left(\frac{\partial v_z}{\partial y} - \frac{\partial v_y}{\partial z}\right) \qquad (6)$$

　　　↑
　　　HW2

y 軸まわりの"渦度"（zx 平面）

$$\Omega_y = \boxed{}$$

　　　↑
　　　□ を埋めよ（HW3）

渦度　$\bm{\Omega} = \dfrac{1}{2}\nabla\times\bm{v}$　←　$\nabla\times\bm{v}$（ローテーション）の物理的意味

(7)

❹

❸　同様にして，点 P のまわりで yz 平面を考え，同様に x 軸まわりの"角速度"について考察をすれば渦度の x 成分が（式(6)），さらに zx 平面を考えることで y 成分が定義できます．つまり渦度とは，その第 i 成分が第 i 軸まわりの平均角速度となっており，角速度ベクトルを一般化した量です．

❹　このようにして"渦度は，速度ベクトル $\bm{v}$ のローテーションの半分"ということが結論されました（式(7)）．言い換えれば，ベクトル $\bm{v}$ のローテーションの物理的な意味は，そのベクトルを流れ場と考えたときの渦度（の 2 倍）である，ということです．

7.10.2 ストークスの定理

右のような微小面積 dS について

$$\oint \boldsymbol{v} \cdot d\boldsymbol{r} \tag{8}$$

を計算する

→ $\boldsymbol{n}$ を $\boldsymbol{e}_z$ にとる(座標系を選ぶ)

$dS = 2\Delta x \cdot 2\Delta y$ とする

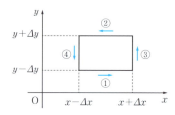

式(8)をシンボリックに書いて

$$\oint = \int_{①+②} + \int_{③+④} \tag{9}$$

$$\int_{①+②} = \int_{x-\Delta x}^{x+\Delta x} v_x(y - \Delta y)\, dx + \int_{x+\Delta x}^{x-\Delta x} v_x(y + \Delta y)\, dx \tag{10}$$

$$= 2\Delta x \{v_x(y - \Delta y) - v_x(y + \Delta y)\}$$

$$= -4 \frac{\partial v_x}{\partial y} \Delta x \Delta y$$

$$= -\frac{\partial v_x}{\partial y} dS \quad \left(\because \Delta x \Delta y = \frac{dS}{4}\right) \tag{11}$$

❶ さてローテーションの物理的意味がわかったところで，ストークスの定理に入ります．

$$\int_{③+④} \overset{\uparrow}{=} \frac{\partial v_y}{\partial x} dS \tag{12}$$
　　　　　　HW4

$$\therefore \oint \boldsymbol{v} \cdot d\boldsymbol{r} = \underline{\left(\frac{\partial v_y}{\partial x} - \frac{\partial v_x}{\partial y} \right) dS} \tag{13}$$
$$\phantom{\therefore \oint \boldsymbol{v} \cdot d\boldsymbol{r} =} = (\nabla \times \boldsymbol{v}) \cdot \boldsymbol{n}\, dS$$

座標系のとり方によらない関係式

$$\oint_{\square} \boldsymbol{v} \cdot d\boldsymbol{r} = \iint_{\blacksquare} (\nabla \times \boldsymbol{v}) \cdot \boldsymbol{n}\, dS \tag{14}$$

❷　3次元空間に微小面積 dS と，その単位法線ベクトル $\boldsymbol{n}$ を考えます．この微小面積の周に沿って閉じた経路をとり，その経路に沿った積分(8)を計算してみましょう．

❸　この計算は便宜上，法線ベクトルが z 軸の単位ベクトルに一致する座標系を選んでおこないます．すると微小面積は，図に示したように xy 平面上に考えることになります．

❹　式(8)を(9)のように，シンボリックに2つの部分に分けてみます．

❺　1つ目の積分は①と②の経路についての積分を足したもので，式(10)以下に示したように計算を進めることができます(式(11))．

❻　同様に2つ目の積分も式(12)のように計算できます(HW4)．これらをまとめると，もともとの閉じた経路についての積分は式(13)のように書けます．この結果はベクトルを使って，座標系によらない結果に表せます(式(14))．便宜上，座標系を選んで計算を進めてきましたが，結果として座標系によらない結果を導くことができました．

$$\oint_{□} \boldsymbol{v} \cdot d\boldsymbol{r} = \iint_{■} (\nabla \times \boldsymbol{v}) \cdot \boldsymbol{n} \, dS \qquad (15)$$

各四角に対する等式

$$\oint_{\boxed{1}} = \iint_{\boxed{1}} , \quad \oint_{\boxed{2}} = \iint_{\boxed{2}} , \quad \cdots\cdots \qquad (16)$$

線積分で四角を足し合わせていく

$$\oint_{\boxed{1}\boxed{2}} \equiv \oint_{\boxed{1}\boxed{2}} = \oint_{\boxed{}} , \quad \oint_{\boxed{}} = \oint_{\boxed{}} , \quad \cdots\cdots$$

$$\longrightarrow \sum_i \oint_{\boxed{i}} = \oint_{\text{任意の面積 }S\text{の周}} \qquad (17)$$

$\quad\quad\;\;\llcorner\!\!-\!\!-\;S$ を分割したすべての四角に関する和

面積分で四角を足し合わせていく

$$\iint_{\boxed{1}\boxed{2}} = \iint_{\boxed{}} , \quad \iint_{\boxed{}} = \iint_{\boxed{}} , \quad \cdots\cdots$$

$$\longrightarrow \sum_i \iint_{\boxed{i}} = \iint_{\text{任意の面積 }S} \qquad (18)$$

式(17)と(18)，および式(16)より

$$\oint_{\text{任意の面積 }S\text{の周}} = \iint_{\text{任意の面積 }S}$$

つまり任意の面 S と，その周 ∂S に対して

ストークスの定理（一重積分 ⟷ 二重積分）

$$\oint_{\partial S} \boldsymbol{v} \cdot d\boldsymbol{r} = \iint_S (\nabla \times \boldsymbol{v}) \cdot \boldsymbol{n} \, dS \qquad (19)$$

☑**注** 表と裏が区別できる面 S でないといけない

7.11 ガウスの定理とストークスの定理の応用例

7.11.1 ガウスの定理の応用例

ガウスの定理

　三重積分 ⟷ 二重積分

> **ガウスの定理**
> $$\iiint_\Omega \nabla \cdot \boldsymbol{V}\, dv = \iint_{\partial\Omega} \boldsymbol{V} \cdot \boldsymbol{n}\, dS \tag{1}$$

❶　ここに再掲した結果(15)は，微小面積に関する面積分(右辺)とその微小面積の周に沿った線積分(左辺)の関係を示すものです．しかしこれは，これまでグリーンの定理(やガウスの定理)の証明で使ってきたのと同様の考えで，任意の表面に関する面積分とその周に沿った線積分の関係に一般化することができます．このことは式(16)以下に示したシンボリックな関係式を順に追っていけば(本質的にグリーンの定理の場合と同じですので)理解できるでしょう．

❷　こうして，ここに示したストークスの定理が証明されました(式(19))．これも一重積分と二重積分の間の関係式です．ただしメビウスの環のような表と裏が区別できない面については一般化の証明プロセスでの議論が破綻するので，ストークスの定理は成り立ちません．

❸　さてガウスの定理とストークスの定理の説明が終わったので，まず，ガウスの定理の応用問題を考えます．はじめにガウスの定理を再掲しておきます(式(1))．

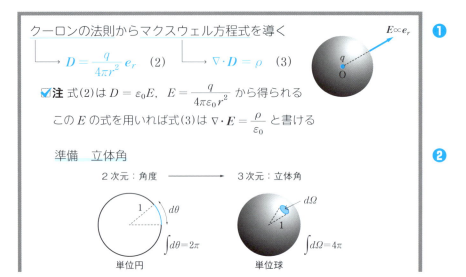

クーロンの法則からマクスウェル方程式を導く

$$D = \frac{q}{4\pi r^2} e_r \quad (2) \qquad \nabla \cdot D = \rho \quad (3)$$

注 式(2)は $D = \varepsilon_0 E$, $E = \dfrac{q}{4\pi\varepsilon_0 r^2}$ から得られる

この E の式を用いれば式(3)は $\nabla \cdot E = \dfrac{\rho}{\varepsilon_0}$ と書ける

準備 立体角

2次元：角度 ⟶ 3次元：立体角

$\int d\theta = 2\pi$　　　　$\int d\Omega = 4\pi$

単位円　　　　　　　　単位球

❶

❷

❶ これまでに学んだ数学を使って，高校の物理で習う電磁気のクーロンの法則から，真空中のマクスウェルの方程式の1つを導いてみましょう．クーロンの法則を電場 E と比例関係にある電束密度 D を用いて，ベクトル法則として書くと式(2)となります．"原点に点電荷 q があるとき，原点を中心とする半径 r の球面上ではどこでも電場の大きさが同じで，その方向は動径方向を向いている"ということを表した法則です．以下では先に導いたガウスの法則を用いて，このクーロンの法則(2)が"ベクトル D のダ

7.11 ガウスの定理とストークスの定理の応用例

❸ 下の左図のように，点電荷 q を含むある体積領域 V を考え，その表面を ∂V で表す

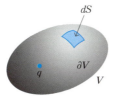
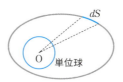

さらに上の右図のように，dS に相当する立体角 $d\Omega$ を考える

イバージェンスが電荷密度に等しい"というマクスウェルの方程式の1つ（式(3)）と数学的に等価であることを示します．

❷ 準備として**立体角**を導入します．これは 2 次元で定義されている角度の概念を 3 次元に拡張したものです．角度 $d\theta$(単位はラジアン)は単位円を切りとる円弧の長さに一致しています．ですので $d\theta$ が単位円上をぐるっと 1 周するとその値は 2π となります．"単位円上の長さ"という概念の次元を上げ，"単位球上での面積"に拡張します．このようにして定義した $d\Omega$ は，単位球の表面上で積分すると 4π になることもわかります．

❸ さて本題に戻り，点電荷 q を含むある体積領域 V を考え，その表面を ∂V で表すことにします．この表面上に微小面積 dS を考えます．この面積の周上の点と点電荷がある原点を結ぶ最短直線群でつくられる面 R が，原点を中心とする単位球の表面とつくる交線によって単位球上に切りとった面積が，この dS に対応する立体角 $d\Omega$ となります．

右図より

$$dS\cos\theta = dA \tag{4}$$

$$d\Omega = \frac{1}{r^2}dA \tag{5}$$

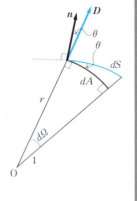

よって

$$\begin{aligned}
\boldsymbol{D}\cdot\boldsymbol{n}\,dS &= D\cos\theta\,dS \\
&= D\,dA \quad \leftarrow\text{式(4)} \\
&= Dr^2\,d\Omega \quad \leftarrow\text{式(5)} \\
&= \frac{q}{4\pi r^2}\cdot r^2\,d\Omega
\end{aligned}$$

$$\therefore \boldsymbol{D}\cdot\boldsymbol{n}\,dS = \frac{q}{4\pi}\,d\Omega \tag{6}$$

$$\iint_{\partial V}\boldsymbol{D}\cdot\boldsymbol{n}\,dS = \frac{q}{4\pi}\underbrace{\int d\Omega}_{=4\pi} \tag{7}$$

$$\therefore \iint_{\partial V}\boldsymbol{D}\cdot\boldsymbol{n}\,dS = q \quad \leftarrow \text{ガウスの法則} \tag{8}$$

上式右辺で，電荷密度 ρ を使い q を $q = \iiint_V \rho\,dv$ と書く

式(8)の左辺はガウスの定理により $\iiint_V \nabla\cdot\boldsymbol{D}\,dv$

$$\therefore \iiint_V \nabla\cdot\boldsymbol{D}\,dv = \iiint_V \rho\,dv \tag{9}$$

さらに V が微小な場合を考えて $V = \varDelta V$ と書くと

$$\nabla\cdot\boldsymbol{D}\,\varDelta V = \rho\,\varDelta V \tag{10}$$

$$\therefore \nabla\cdot\boldsymbol{D} = \rho \tag{11}$$

　　　　↑
空間の各点で成立 → 局所的な法則

7.11 ガウスの定理とストークスの定理の応用例　73

❶　微小面積 dS の単位法線ベクトル $\boldsymbol{n}$ と，原点からの動径方向を向く $\boldsymbol{D}$ ベクトルのなす角を θ としましょう．図のように dS と原点の距離を r とし，半径 r の球面上を先に定義した面 R が切りとる面積を dA とすると，dA と dS の間には式(4)の関係が成り立ちます．さらに dA と $d\Omega$ の間には，面積比に基づいた式(5)の関係が成り立ちます．したがってベクトル $\boldsymbol{D}$ と面積ベクトル $d\boldsymbol{S} = \boldsymbol{n}dS$ のスカラー積は，式(6)のように立体角 $d\Omega$ に比例した量となります．

❷　この式(6)の両辺を体積 V の表面にわたって積分することにしましょう．これは右辺においては，立体角の積分において単位球の表面上を覆いつくすことに対応しますから，その積分値は 4π となります(式(7))．

❸　これにより，電磁気学におけるガウスの法則が導き出されます(式(8))．高校で学ぶ電磁気の範囲でのガウスの法則を使った例題は，実はこの公式をシンプルな場合に使っているにすぎません．

❹　さてここで，この式(8)の右辺を電荷密度の体積積分として書き直します．左辺はガウスの定理を使ってダイバージェンスの体積積分に書きかえることができます．このようにして，両辺を体積 V の体積積分に書きかえた(式(9))うえで，この式を微小体積 ΔV に適用します．

❺　微小体積内では，被積分関数は一定値をとるので，ここに示した式(10)が成立します．したがって，式(11)を得ますが，この式は，マクスウェルの方程式の1つです．この式は空間の各点で成立する式であり，〝局所的な〟あるいは〝ローカルな〟法則とよばれます．

7.11.2 ストークスの定理の応用例

アンペールの法則からマクスウェル方程式を導く

$$\oint_C \boldsymbol{H}\cdot d\boldsymbol{r} = I \quad (12) \qquad \nabla\times\boldsymbol{H} = \boldsymbol{j} \quad (13)$$

式(12)の右辺を

$$I = \iint_S \boldsymbol{j}\cdot\boldsymbol{n}\,dS \tag{14}$$

と書く

☑注 式(12)の左辺 $\oint_C \boldsymbol{H}\cdot d\boldsymbol{r}$ は,半径 r の円をとって計算すると $H\cdot 2\pi r$

式(12)と(14)から

$$\oint_C \boldsymbol{H}\cdot d\boldsymbol{r} = \iint_S \boldsymbol{j}\cdot\boldsymbol{n}\,dS \tag{15}$$

左辺をストークスの定理を使って書きかえる

$$\iint_S (\nabla\times\boldsymbol{H})\cdot\boldsymbol{n}\,dS = \iint_S \boldsymbol{j}\cdot\boldsymbol{n}\,dS \tag{16}$$

この式で $S \to \Delta S$ とする

$$\{(\nabla\times\boldsymbol{H}) - \boldsymbol{j}\}\cdot\boldsymbol{n}\,\Delta S = 0$$

$$\therefore \nabla\times\boldsymbol{H} = \boldsymbol{j} \tag{17}$$

❶ 次に,ストークスの定理の応用例です.ここでは電磁気学のアンペールの法則(12)から,マクスウェルの方程式の1つ(式(13))を導いてみましょう.

❷ アンペールの法則は,高校物理でも導線のまわりにできる磁場の例が扱われますが,より一般的には式(12)のような閉じた経路に関する線積分として表すことができます.この右辺は電流面密度ベクトル $\boldsymbol{j}$ を用いると,それと微小面積要素ベクトル $\boldsymbol{n}\,dS$ のスカラー積を積分したものとして表せます(式(14)).なお,式(12)の左辺の線積分は,半径 r の円周に沿って線積分すれば,高校で学んだように,☑注 に示した結果が得られます.

7.12 保存場(再び)

場 F が定義されている領域 → 単連結領域(面積)

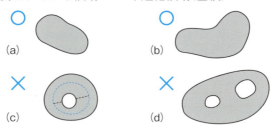

❸ さて以上の議論を経て，面積 S 上での電流面密度ベクトル j の面積分と，面積 S の周上での磁場ベクトル H の線積分の間の関係式(15)が導き出されます．この左辺をストークスの定理で面積 S での面積分に書きかえ，両辺を面積 S での面積分に書きかえた(式(16))うえで，この面積を微小面積 ΔS に置き換えます．すると式(17)に示したように，"ローカルに"磁場ベクトルのローテーションが電流面密度に等しいというマクスウェルの方程式の1つが導出されます．

❹ ここで，だいぶ前に扱った保存場に話を戻しましょう．

❺ すでに48ページで言葉そのものは出てきていますが，まず，ここで単連結領域についてすこし説明しましょう．<u>単連結領域</u>とは，図(a), (b)のように ○ がついた例のように穴のないひと続きの面積領域のことです．数学的には，領域内にとった任意の領域が連続的に点にまで縮小できることを意味します．図(c), (d)のように×がついた例のように穴が空いていると，これを取り込むような面積領域(たとえば図(c)の青い破線と内側の穴の円周で囲まれた領域)は点にまで縮めることができないので，単連結ではありません．図(c)のように穴が1つのものは二重連結領域，図(d)は三重連結領域ともよばれます．

76　第7章　ベクトル解析

その領域内で F とその1階微分が連続とする $\longrightarrow$ 次の5つは同等

❶

> 1 領域内のあらゆる点で $\nabla \times F = 0$
>
> 2 領域内のあらゆる閉じた経路に対して $\oint F \cdot dr = 0$
>
> 3 F は保存力場：$\displaystyle\int_A^B F \cdot dr$ が経路によらない
>
> 4 $F \cdot dr$ は完全微分
>
> 5 $F = -\nabla\phi$ と書け，ϕ は1価（ポテンシャルが存在する）

1 $\longrightarrow$ 2

❷

$$\oint F \cdot dr = \iint (\nabla \times F) \cdot n \, dS = 0$$

ストークスの定理

$\| \longleftarrow$ 1

0

2 $\longrightarrow$ 3

❸

2 より右図の閉じた経路に対し

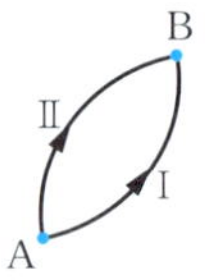

$$\oint_A^B = 0$$

左辺は

$$\oint_A^B = \int_A^B + \int_A^B = \int_A^B - \int_A^B = \int_I - \int_{II}$$

$$\therefore \int_I - \int_{II} = 0 \quad \longrightarrow \quad \int_I = \int_{II}$$

❹

7.13　ベクトルポテンシャル

$\nabla \times V = 0 \longrightarrow V = -\nabla\phi$ となる ϕ が存在

$\nabla \cdot V = 0 \longrightarrow V = \nabla \times A$ となる A が存在

5

❶ さて，このような単連結領域で定義されたベクトル場 F に関して，その1階微分が連続だとすると，次の5つは同等です．この多くはすでに示していますが，ここでは残りの説明をします．

❷ ①から②を示すには，ストークスの定理を使います．線積分を面積分に書きかえると F のローテーションが現れるため，証明が完了します．なお，この議論は単連結でないと成立しません．たとえば，前のページの図(c)の二重連結領域において，その内周を時計まわりにまわる経路を C とし，また，領域内に青い破線の経路を反時計まわりにとり C' とし，この2つで囲まれた二重連結領域を S とすると，ストークスの定理から $\oint_C F \cdot dr + \oint_{C'} F \cdot dr = \iint_S (\nabla \times F) \cdot n\, dS$ を示すことはでき(黒い破線で上下2つの単連結領域に分け，それぞれにストークスの定理が成立していることを使えば説明できます)，①より右辺は0となりますが，これでは②が示されたことにはなりませんね．②が正しいなら C' に関する線積分が0になるはずで，この議論では，それは示せていませんので．

❸ ②から③を示すには，ここに示したような議論をします．これはすでに2次元のグリーンの定理のときに50ページで示した議論と同じです．

❹ ほかはすでに説明しましたので，これで保存力場の説明が完了しました．

❺ "ローテーションがゼロになるベクトル場にはポテンシャルが存在する" ということはすでに説明しました．一方，ダイバージェンスが0のベクトル場にはベクトルポテンシャルが存在します．**ベクトルポテンシャル A** とは，ここに書いたように，そのローテーションをとると所望のベクトル場 V が得られるようなベクトル場 A のことです．これらのポテンシャルの存在は，電磁気学で重要な役割を果たします．ここではベクトルポテンシャルについて，例題を通して説明しましょう．

78   第7章　ベクトル解析

例 $V = (x^2 - yz, \ -2yz, \ z^2 - 2zx)$

$\nabla \cdot V = 0$

$\uparrow$ ― HW1

$\longrightarrow \ V = \nabla \times A$ となる A を探す

$(\nabla \times A)_x = V_x$ などより

$$\frac{\partial A_z}{\partial y} - \frac{\partial A_y}{\partial z} = x^2 - yz \tag{1}$$

$$\frac{\partial A_x}{\partial z} - \frac{\partial A_z}{\partial x} = -2yz \tag{2}$$

$$\frac{\partial A_y}{\partial x} - \frac{\partial A_x}{\partial y} = z^2 - 2zx \tag{3}$$

これを満たす A は一意でない

$\longrightarrow \ A_x = 0$ としてみる

式 $(2), (3)$ から

$$A_z = 2xyz + f_2(y, z) \tag{4}$$

$$A_y = z^2 x - zx^2 + f_1(y, z) \tag{5}$$

上の2式を式(1)に代入

$$2xz + \frac{\partial f_2}{\partial y} - \left(2zx - x^2 + \frac{\partial f_1}{\partial z} \right) = x^2 - yz$$

$$\therefore \ \ \frac{\partial f_2}{\partial y} - \frac{\partial f_1}{\partial z} = -yz \tag{6}$$

これを満たす f_1, f_2 も一意でない

例1　$f_2 = 0 \ \longrightarrow \ f_1 = \dfrac{yz^2}{2} \tag{7}$

例2　$f_1 = 0 \ \longrightarrow \ f_2 = -\dfrac{y^2 z}{2} \tag{8}$

このようにして

$$A = (0, A_y, A_z) \tag{9}$$

を決めることができる

❶ ここに与えたベクトル V は，ダイバージェンスが 0 になっています（HW1）．そこで，この場に対するベクトルポテンシャルを求めてみましょう．

❷ $V = \nabla \times A$ の各成分をこの場合に書き出すと，式(1)〜(3)のようになります．実は，これらを満たすベクトル A は一意でありません．そこで A の x 成分が 0 として，式(2)と(3)を積分してみます．x 積分に関する積分定数（y と z に依存してもよい）f_1 と f_2 が現れることに注意します（式(4)，(5)）．これらを式(1)に代入すると

❸ 式(6)に示した f_1 と f_2 に対する微分方程式が導かれます．実は，これを満たす f_1 も f_2 も一意ではありません．たとえば f_2 を 0 とすると f_1 は簡単に求められます（式(7)）．f_1 を 0 としても f_2 が容易に求められます（式(8)）．

❹ いずれにせよこのようにして，ベクトル V を与えるベクトルポテンシャル A を求めることができました（式(9)）．ただ，かなり不定性があることがわかります．

☑注 $V = \nabla \times A$ なる A に対して
$$A' = A + \nabla u \tag{10}$$
とすると
$$\nabla \times A' = \nabla \times A$$
$$\qquad \downarrow \nabla \times \nabla u = 0$$
$$\qquad\qquad \uparrow \text{HW2}$$
$$\qquad\qquad\qquad ヒント\quad \varepsilon_{1ij}\partial_i\partial_j u = (\partial_2\partial_3 - \partial_3\partial_2)u = 0$$
つまり，ベクトルポテンシャル A は，∇u だけの不定性をもつ

7.14 他の座標系でのダイバージェンスの表式

円柱座標系 (r, θ, z)

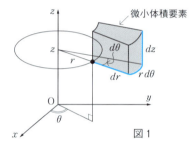
図 1

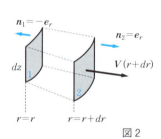
図 2

微小体積要素の体積：
$$dv = dr\,dz\,r\,d\theta \tag{1}$$
微小体積要素の 6 面を通しての正味の流出を考える

図 2 の面 1 と面 2 からの正味の流出：
$$面 1: V(r) \cdot n_1 r d\theta dz = -V_r(r) r d\theta dz \tag{2}$$
$$\qquad\uparrow\qquad\qquad\quad \downarrow V\cdot n_1 = -V_r(r)$$
$$\qquad 単位面積当りの流出 \quad \uparrow\ n_1 = -e_r,\ V\cdot e_r = V_r$$
$$面 2: V(r+dr) \cdot n_2 (r+dr) d\theta dz \tag{3}$$
$$\qquad\qquad\qquad = V_r(r+dr)(r+dr)d\theta dz$$
$$n_2 = e_r \ \uparrow$$
$$\qquad\qquad\qquad \downarrow V_r(r) + \partial V_r(r)/\partial r\ dr \tag{4}$$

❶ より一般的には，V に対する 1 つのベクトルポテンシャル A が求まったとすると，それに対して任意のスカラー関数 u のグラジエントを足したものは，すべて V に対する A になっています(式(10))．このことはグラジエントのローテーションがゼロであること(**HW2**)から示されます．

❷ つまりベクトルポテンシャルは，スカラー関数のグラジエントの分だけの不定性をもつのです．これはゲージ不変性ともよばれます．

❸ 最後に，円柱座標系でダイバージェンスがどのような表式になるかを見ておきましょう．グラジエントやローテーション，そしてラプラシアンがどのような表式になるかも，原理的にはここで説明した方法で示すことができます．しかしその計算は解析的におこなう場合，単純ですが，かなり煩雑です．第 I 巻の付録 A.5 に公式と，一般の座標系に対する導出法をまとめますが，ここで扱うダイバージェンスの場合をしっかり理解しておけば，とりあえずは十分でしょう．

❹ 円柱座標系とはこの図 1 に示したような座標系でした．まずは幾何学的な方法で考えるために，この座標系で微小体積要素を考えます．それはこの図 1 に示したようにある点に着目し，その点から各変数を微小変位させて 3 つの辺をつくり，それを 3 辺とする直方体を考えるのです．

❺ さて，この微小体積要素の体積は，式(1)に示したように与えられます．この体積要素の 6 つの面を通しての単位時間当りの正味の流出を考えます．

❻ まず，図 2 に示した面 1 と面 2 をペアで考えると，それぞれの面を通した単位時間当りの正味の流出は，式(2)と(3)のように与えられることを確認してください．ここで面 1 と面 2 の面積が乗じてあることに注意してください．とくに，面 2 の面積が $(r+dr)d\theta dz$ となり，dr が入っていることに注意してください．

式(2)-(4)より，$dr, d\theta, dz$ の1次まで正しく計算

$$\text{"面1 + 面2"} = \frac{\partial (rV_r)}{\partial r} dr d\theta dz = \frac{\partial (rV_r)}{\partial r} \frac{dv}{r} \quad (5)$$
　　　　　　　　　　↑ HW1　　　　　　↑ 式(1)

☑ **注** 式(4)を使って式(3)を展開すると4つの項が出る．1つは式(2)とキャンセル．もう1つは dr^2 に比例．残りの2つが式(5)にまとまる

同様に

　面3 : $-V_\theta(\theta) dr dz$

　面4 : $V_\theta(\theta + d\theta) dr dz$

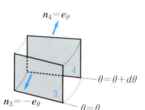

$dr, d\theta, dz$ の1次まで計算

$$\text{"面3 + 面4"} = \frac{\partial V_\theta}{\partial \theta} d\theta dr dz = \frac{\partial V_\theta}{\partial \theta} \frac{dv}{r} \quad (6)$$
　　　　　　　　　↑ HW2

同様に

　面5 : $-V_z(z) dr\, r d\theta$

　面6 : $V_z(z + dz) dr\, r d\theta$

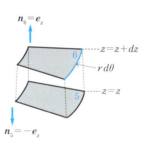

$$\text{"面5 + 面6"} = \frac{\partial V_z}{\partial z} r dr d\theta dz$$
$$\phantom{\text{"面5 + 面6"} =} = dv$$
$$= \frac{\partial V_z}{\partial z} dv \quad (7)$$

$\nabla \cdot V$ は単位体積当りの流出なので

$$\nabla \cdot V = \frac{\text{"面1 + 面2 + ⋯ + 面6"}}{dv}$$

$$\therefore \nabla \cdot V = \frac{1}{r} \frac{\partial (rV_r)}{\partial r} + \frac{1}{r} \frac{\partial V_\theta}{\partial \theta} + \frac{\partial V_z}{\partial z} \quad (8)$$

7.14 他の座標系でのダイバージェンスの表式

解析的方法

$$V = V_x e_x + V_y e_y + V_z e_z \quad (9)$$

$$\begin{cases} e_r = e_x \cos\theta + e_y \sin\theta & (10) \\ e_\theta = -e_x \sin\theta + e_y \cos\theta & (11) \\ e_z = e_z & (12) \end{cases}$$

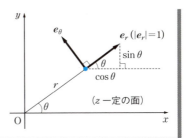

❶ この2つの寄与の足し算の計算を進めます．微小量の1次までを正しく計算すると，式(5)を得ます．確めてみてください（ HW1 ）．

❷ 同様に面3と面4のペアについて考えると，式(6)を得ます（ HW2 ）．

❸ 面5と面6のペアについても，式(7)のように計算できます．

❹ よって，これらの単位時間当りの寄与の和を単位体積当りに直すことで式(8)のように，円柱座標系でのダイバージェンスの表式が導かれます．

❺ 次に解析的に計算してみましょう．まず，デカルト直交座標系の成分と単位ベクトルを使って，ベクトルが式(9)のように表されることをリマインドしておきます．次にデカルト直交座標系での単位ベクトルと，円柱座標系での単位ベクトルの間の関係(式(10)〜(12))も復習しておきます．

84   第7章　ベクトル解析

一方

$$V = V_r e_r + V_\theta e_\theta + V_z e_z \qquad (13)$$ ❶

上式に式(10)-(12)を代入

$$V = \boxed{} e_x + \boxed{} e_y + \boxed{} e_z \qquad (14)$$

$$\quad\ \ \| \qquad\qquad \| \qquad\qquad \| $$
$$\quad\ \ V_x \qquad\quad\ \ V_y \qquad\quad\ \ V_z \qquad\qquad\qquad (15)$$

式(14), (15)より

$$\begin{cases} V_x = V_r \cos\theta - V_\theta \sin\theta & (16) \\ V_y = V_r \sin\theta + V_\theta \cos\theta & (17) \\ V_z = V_z & (18) \end{cases}$$

HW3 式(16)-(18)を確めよ

これからの目標： ❷

$$\frac{\partial V_x}{\partial x} + \frac{\partial V_y}{\partial y} + \frac{\partial V_z}{\partial z} \ \text{を書きかえる}$$

ステップ1　V_x, V_y, V_z を V_r, V_θ, V_z で書きかえる

　　　　　$\longrightarrow$ すでに終わった

ステップ2　$\dfrac{\partial}{\partial x}, \dfrac{\partial}{\partial y}, \dfrac{\partial}{\partial z}$ を $\dfrac{\partial}{\partial r}, \dfrac{\partial}{\partial \theta}, \dfrac{\partial}{\partial z}$ で書きかえる

　　　　　$\longrightarrow$ 以下でおこなう

$$x = r\cos\theta, \quad y = r\sin\theta, \quad z = z \qquad (19)$$ ❸

$$\begin{cases} r^2 = x^2 + y^2 & (20) \\ \tan\theta = \dfrac{y}{x} & (21) \end{cases}$$

$$\frac{\partial}{\partial x} = \underset{\boxed{1}}{\frac{\partial r}{\partial x} \frac{\partial}{\partial r}} + \underset{\boxed{2}}{\frac{\partial \theta}{\partial x} \frac{\partial}{\partial \theta}} + \underset{\boxed{3}}{\frac{\partial z}{\partial x} \frac{\partial}{\partial z}} \ \text{の計算} \qquad (22)$$ ❹

---

❶　円柱座標系でも，その成分とそれぞれの方向の単位ベクトルを使って，ベクトルを式(13)のように表すことができます．これは円柱座標系の成分

7.14 他の座標系でのダイバージェンスの表式

> ① $\frac{\partial r}{\partial x}$ の計算
> └─ r を x, y, z の関数と見て x で微分
> ↓
> 式(20)の両辺を y を固定して x で微分
>
> $$2r\frac{\partial r}{\partial x} = \underline{2x}$$
> └→ $2r\cos\theta$
>   └─ 式(19)
>
> $$\therefore \frac{\partial r}{\partial x} = \cos\theta \qquad (23)$$

の定義ともいえる式です．式(13)に現れる円柱座標系の単位ベクトルを式(10)～(12)を用いてデカルト直交座標系の単位ベクトルで書きかえて整理すると(式(14))，それぞれの係数は式(9)により，それぞれ V ベクトルの x, y, z 成分になっているはずなので(式(15))，式(16)～(18)に示した V_x, V_y, V_z と V_r, V_θ, V_z の関係が求まります(**HW3**)．

❷ さてここで考えたいことは，デカルト直交座標系でのダイバージェンスの表式を，円柱座標系での表式に書きかえることです．2つのステップが必要ですが，すでにステップ1は終わりました．次にステップ2を考えます．

❸ そこで x, y, z と r, θ, z の関係を記します(式(19)～(21))．

❹ そして，x による偏微分を考えます．これは，連鎖則を使って式(22)のように r, θ, z による偏微分の和として表せます．よって，これらの係数を r, θ, z だけを使って書き表す必要があります．まず，r の x による偏微分は，①で説明しているようにして θ の関数として出すことができます(式(23))．

86　第7章　ベクトル解析

2 $\dfrac{\partial \theta}{\partial x}$ の計算

式(21)の両辺を x で微分

$$(1 + \tan^2 \theta) \dfrac{\partial \theta}{\partial x} = -\dfrac{y}{x^2}$$

└→ $1 + y^2/x^2$　両辺に x^2 を掛ける

$$(x^2 + y^2) \dfrac{\partial \theta}{\partial x} = -y$$

$\quad\quad \| \leftarrow 式(20) \quad\quad \| \leftarrow 式(19)$
$\quad\quad r^2 \quad\quad\quad\quad r \sin \theta$

$$\therefore \dfrac{\partial \theta}{\partial x} = -\dfrac{\sin \theta}{r} \tag{24}$$

3 $\dfrac{\partial z}{\partial x} = 0$

└── $\partial/\partial x$ は y, z を固定した微分

1-**3** より

$$\dfrac{\partial}{\partial x} = \cos \theta \dfrac{\partial}{\partial r} - \dfrac{\sin \theta}{r} \dfrac{\partial}{\partial \theta} \tag{25}$$

HW4 同様にして以下を示せ

$$\dfrac{\partial}{\partial y} = \sin \theta \dfrac{\partial}{\partial r} + \dfrac{\cos \theta}{r} \dfrac{\partial}{\partial \theta} \tag{26}$$

以上より，まず式(25)と(16)から

$$\dfrac{\partial V_x}{\partial x} = \left(\cos \theta \dfrac{\partial}{\partial r} - \dfrac{\sin \theta}{r} \dfrac{\partial}{\partial \theta} \right)(V_r \cos \theta - V_\theta \sin \theta) \tag{27}$$

❶ 次に θ の x による偏微分を求めます．**2** に示したように，やはり r と θ だけの関数として表せます(式(24))．

7.14 他の座標系でのダイバージェンスの表式　87

$$
\begin{aligned}
=& \underbrace{\cos^2\theta \frac{\partial V_r}{\partial r}}_{\text{①}} - \underbrace{\cos\theta\sin\theta \frac{\partial V_\theta}{\partial r}}_{\text{②}} \\
& \qquad\qquad \uparrow\text{θはrによらずV_rとV_θはrによる} \\
& -\frac{\sin\theta}{r}\left\{\underbrace{\frac{\partial V_r}{\partial \theta}\cos\theta - V_r\sin\theta}_{\text{③}\;=\frac{\partial}{\partial\theta}(V_r\cos\theta)} - \underbrace{\left(\frac{\partial V_\theta}{\partial \theta}\sin\theta + V_\theta\cos\theta\right)}_{\text{④}\;=\frac{\partial}{\partial\theta}(V_\theta\sin\theta)}\right\} \\
& \qquad\qquad\qquad \uparrow\text{rを固定したθによる積の微分} \\
& \qquad\qquad\qquad\quad V_r も V_\theta も \theta による
\end{aligned}
\tag{28}
$$

❷ 次に $\frac{\partial z}{\partial x}$ ですが，これは ③ に説明したように 0 です．

❸ 1 ～ 3 を使えば，式(22)を書きかえることができ，xによる偏微分が，rによる偏微分とθによる偏微分の線形結合の形で，rとθだけの関数として書けます(式(25))．

❹ 同様にしてyによる偏微分も，rとθだけの関数で書けますので各自チェックしてください(HW4)．

❺ 以上の結果から，デカルト直交座標系でのダイバージェンスの各項をr, θ, z だけの関数に書きかえて計算を進めます．式(27)の ① ～ ④ の 4 項に分けて計算します．①, ② は θ を固定した r での微分，③, ④ は r を固定した θ での微分であることに注意して計算を進めると，次ページの式(31)のように，幾何学的な方法で得た結果が再生されます．ここに書いた"メモ"を利用して，自分で計算して確めてみてください．

88　第 7 章　ベクトル解析

同様にして，式(26)と(17)から

$$\frac{\partial V_y}{\partial y} = \boxed{}$$

$$+ \frac{\cos\theta}{r}\left\{\boxed{} - \left(\boxed{}\right)\right\} \tag{29}$$

また

$$\frac{\partial V_z}{\partial z} = \frac{\partial V_z}{\partial z} \tag{30}$$

よって，式(28)-(30)より

HW5

$$\underbrace{\frac{\partial V_x}{\partial x} + \frac{\partial V_y}{\partial y} + \frac{\partial V_z}{\partial z}}_{= \nabla \cdot V} = \underbrace{\frac{\partial V_r}{\partial r} + \frac{1}{r}V_r}_{= \frac{1}{r}\frac{\partial(rV_r)}{\partial r}} + \frac{1}{r}\frac{\partial V_\theta}{\partial \theta} + \frac{\partial V_z}{\partial z}$$

$$\therefore \nabla \cdot V = \frac{1}{r}\frac{\partial(rV_r)}{\partial r} + \frac{1}{r}\frac{\partial V_\theta}{\partial \theta} + \frac{\partial V_z}{\partial z} \tag{31}$$

❶

❷

☑**注** $x = r\cos\theta$, $y = r\sin\theta$ を使う方法

これらの両辺を(y を固定して)x で微分

$$\begin{cases} 1 = \dfrac{\partial r}{\partial x}\cos\theta + r(-\sin\theta)\dfrac{\partial\theta}{\partial x} \\ 0 = \dfrac{\partial r}{\partial x}\sin\theta + r\cos\theta\,\dfrac{\partial\theta}{\partial x} \end{cases}$$

$$\Longleftrightarrow \begin{pmatrix} \cos\theta & -r\sin\theta \\ \sin\theta & r\cos\theta \end{pmatrix}\begin{pmatrix} \partial r/\partial x \\ \partial\theta/\partial x \end{pmatrix} = \begin{pmatrix} 1 \\ 0 \end{pmatrix}$$

同様に y で微分して 2 つの式が得られる

こうして得た 4 つの式から $\dfrac{\partial r}{\partial x}$, $\dfrac{\partial r}{\partial y}$, $\dfrac{\partial\theta}{\partial x}$, $\dfrac{\partial\theta}{\partial y}$ を解いてもよい

→ 式(23)などを得ることができる

❶ 局所直交座標系では，もうすこし楽に計算する方法もあります(付録 A.5 参照)．

❷ ☑**注** に示した 2 つの関係式から出発して 4 つの式を得て，計算を進める方法もあります．

CHAPTER 8

初歩的な特殊関数

これから，特殊関数とよばれる関数群をすこし勉強します．これらの関数は定義式に積分が含まれていて，すぐには値が評価できないため，いろいろな性質が調べられてきています．いまではコンピュータを使えば値はすぐに求められますが，解析的にいえることを学び，数式のハンドリングの経験値を上げましょう．

92　第8章　初歩的な特殊関数

8.1　階乗関数 ❶

❷
$$\int_0^\infty e^{-\alpha x}\,dx = \frac{1}{\alpha} \qquad (\alpha > 0) \tag{1}$$

両辺を α で微分

$$\int_0^\infty x e^{-\alpha x}\,dx = \frac{1}{\alpha^2}, \quad \int_0^\infty x^2 e^{-\alpha x}\,dx = \frac{2}{\alpha^3},$$

$$\int_0^\infty x^3 e^{-\alpha x}\,dx = \frac{1\cdot2\cdot3}{\alpha^4}, \quad \cdots, \quad \int_0^\infty x^n e^{-\alpha x}\,dx = \frac{1\cdot2\cdot\cdots\cdot n}{\alpha^{n+1}} \tag{2}$$

$\alpha = 1$ とおく ❸

$$\int_0^\infty x^n e^{-x}\,dx = n! \qquad (n = 0,1,2,\cdots) \tag{3}$$

$n = 0$ のとき

$$0! = 1 \tag{4}$$

└── 式(3)の左辺を計算して確めよ（HW1）

レクチャー

❶　まずは，整数の階乗を積分で表す公式を紹介します．皆さんは0の階乗は1だと習ったことはありませんか？　あるとすると，なぜそう定義するのかがこれからの議論でわかります．

❷　さて，積分公式(1)の両辺を α で次々に微分します．

❸　得られた式(2)で α を1とおくと，予告通り，階乗を積分で表す公式(3)が得られました．この式(3)で n が0のときを考えると，左辺の積分は1になっています（HW1，式(4)）．これが0の階乗を1と定義する理由です．

❹　階乗関数の積分による定義(3)における n を非整数 $p-1$ にしたものがガンマ関数で，やはり積分で定義された関数です（式(1)）．したがって，

8.2 ガンマ関数

4

$$\Gamma(p) = \int_0^\infty dx\, x^{p-1} e^{-x} \qquad (p > 0) \tag{1}$$

↑ 関数を積分で定義　　↑ 積分の収束条件

$$\Gamma(n) = (n-1)!, \quad \Gamma(n+1) = n! \tag{2}$$

が成立. さらに

$$\Gamma(p+1) = p\Gamma(p) \tag{3}$$

5

$$\because \ \Gamma(p+1) = \int_0^\infty x^p e^{-x} dx$$

ビ ┘ └ セキ　（部分積分）

$$= \Big[x^p(-e^{-x}) \Big]_0^\infty - \int p x^{p-1}(-e^{-x})\, dx$$

$$= p \int x^{p-1} e^{-x}\, dx$$

$$= \Gamma(p)$$

階乗関数と式(2)のような関係があります. なお p を正としておくのは, 積分が収束することを保証するためです.

　ところで皆さんは, 朝永振一郎先生の〝くりこみ理論〟というものをきいたことがあるでしょうか？　理論の出発点で使っていたパラメーターが実は発散量で, そこから別の発散量を引いて〝くりこむ〟ことで有限の結果を得る理論です. 学部レベルでは素粒子を専門に学ばないと出てきませんが, こうした無限大の量を〝正則化〟（評価)するのにガンマ関数が使われます. なお, ガンマ関数を使った無限大の処理は, のちになってよく使われるようになった方法です.

5　積分によって定義されたガンマ関数は, 式(3)の性質をもちます. これは定義に戻って部分積分を使えば証明ができます.

8.3 p が負のときのガンマ関数

$$\Gamma(p) = \frac{1}{p}\Gamma(p+1) \tag{1}$$

❶

より

$$\Gamma(p) = \frac{1}{p}\Gamma(p+1) = \frac{1}{p}\frac{1}{p+1}\Gamma(p+2) = \cdots$$
$$= \frac{1}{p}\frac{1}{p+1}\cdots\frac{1}{p+n}\Gamma(p+n+1) \tag{2}$$

❷

やがて正になる

$\Gamma(p)\,(p>0)$ はすでに 93 ページの式(1)で定義されていることを利用して定義

例 $\Gamma(-0.5) = \dfrac{1}{-0.5}\Gamma(0.5)$

$\Gamma(-1.5) = \dfrac{1}{-1.5}\Gamma(-0.5) = \dfrac{1}{-1.5}\dfrac{1}{-0.5}\Gamma(0.5)$

❶ 式(1)を満たすように，p が負の場合のガンマ関数を導入します．

❷ このように公式をくり返し使うと，やがてガンマ関数の引数が正になります．p が正ならば $\Gamma(p)$ はすでに 93 ページの式(1)で定義されているので，式(2)を使えば，p が負の場合のガンマ関数が定義できます．**例** を見てもらえれば，すぐに了解できるでしょう．

❸ ガンマ関数は，発散の正則化に便利だといいましたが，これはこの関数の引数が負の整数で発散するからです．このことを確認してみましょう．まず 0^+ と 0^- をそれぞれ 0 への右極限(右から近づく)と左極限を表す記号として定義します．この了解のもとで，複号同順で式(3)が得られます．

8.3.1 ガンマ関数の発散

式(1)で $p \to 0^+, 0^-$

$$\Gamma(0^{\pm}) = \frac{\Gamma(0^{\pm}+1)}{0^{\pm}} = \frac{\Gamma(1)}{0^{\pm}} = \frac{0!}{0^{\pm}} = \pm\infty \qquad (3)$$

　　　　　　　　　　　　　　　　　└── $0! = 1$

$$\Gamma(-1^{\pm}) = \frac{\Gamma(0^{\pm})}{-1+0^{\pm}} = \frac{\pm\infty}{-1} = \mp\infty \qquad (4)$$

　　　　　　　　　　　　└── 式(3)

$$\Gamma(-2^{\pm}) = \pm\infty \qquad (5)$$

　　↑ **HW1**

→ p が負の整数のとき発散

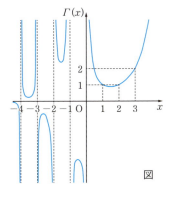

図

この式の3番目の等号の右辺において分子は1ですので，4番目の等号の右辺に示したように発散することが理解できます．さらに式(4), (5)まで確めれば，ガンマ関数の負の整数値での発散が理解できると思います．実際，ガンマ関数のグラフの概形は図に示したようになっています．

8.4 ガンマ関数とガウス積分

$$\Gamma\left(\frac{1}{2}\right) = \int_0^\infty x^{-1/2} e^{-x} dx \qquad (1)$$

$x = y^2$ とする．$dx = 2y dy$ より

$$\Gamma\left(\frac{1}{2}\right) = \int_0^\infty y^{-1} e^{-y^2} 2y\, dy = 2\int_0^\infty e^{-y^2} dy$$

└── 右の上図参照

$$\therefore\ \Gamma\left(\frac{1}{2}\right) = \int_{-\infty}^\infty e^{-x^2} dx \qquad (2)$$

└── ガウス積分

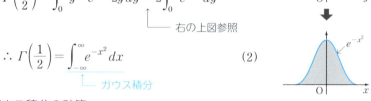

ガウス積分の計算

$$\left\{\Gamma\left(\frac{1}{2}\right)\right\}^2 = \int_{-\infty}^\infty e^{-x^2} dx \int_{-\infty}^\infty e^{-y^2} dy \qquad (3)$$

$$= \int_{-\infty}^\infty dx \int_{-\infty}^\infty dy\, e^{-(x^2+y^2)}$$

$$= \int_0^\infty dr \int_0^{2\pi} d\theta\, r e^{-r^2} \qquad (4)$$

└── ヤコビアン

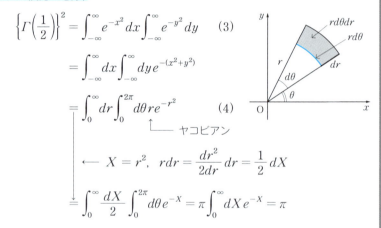

$\longleftarrow X = r^2,\ r dr = \dfrac{dr^2}{2dr} dr = \dfrac{1}{2} dX$

$$= \int_0^\infty \frac{dX}{2} \int_0^{2\pi} d\theta\, e^{-X} = \pi \int_0^\infty dX\, e^{-X} = \pi$$

$$\therefore\ \Gamma\left(\frac{1}{2}\right) = \sqrt{\pi}$$

以上より

$$\int_{-\infty}^\infty e^{-x^2} dx = \sqrt{\pi} \qquad (5)$$

HW1 $\int_{-\infty}^\infty e^{-\alpha x^2} dx$ を上の方法で求めよ

8.4 ガンマ関数とガウス積分　　97

❶　次にガウス積分です．ガンマ関数の引数 p が $\frac{1}{2}$ のときの式(1)を変形していくと，ガウス積分が現れます(式(2))．ガウス積分とは，ガウス関数を無限区間で積分したものです．

❷　これからこのガウス積分の値を評価する方法を紹介します．この方法は，私も大学 2 年生の物理数学の授業で，はじめて知りましたが，"こんな方法があるのか！"と感動したことをいまでもよくおぼえています．さて，皆さんはどうでしょうか？

❸　まず，$\Gamma(1/2)$ の 2 乗を考えます(式(3))．ここで，はじめの積分には x を使い，あとの積分では y を使っていることに注意してください．このように積分変数を同じものにしておかないことは重要なポイントです．このようにしておくと順番を変えても，意味が明確なままとなります．そして，これを xy 平面での積分と見なし，(r, θ) 座標に変換して計算をするのです(式(4))．アイデアさえわかれば，あとの計算は容易にフォローできると思います．

　このようにしてガウス積分の値がわかりました(式(5))．

❹　HW1 の式を同様にして求めてください．変数変換でも答えは出ますが，ぜひ，ここで紹介した 2 乗を計算する方法を自分で使ってみてください．

8.5 誤差関数

$$\mathrm{erf}(x) = \frac{2}{\sqrt{\pi}} \underline{\int_0^x e^{-t^2} dt} \tag{1}$$
　　　　　　　└→ 図1

$$\mathrm{erf}(\infty) = \frac{2}{\sqrt{\pi}} \times \frac{\sqrt{\pi}}{2} = 1$$
　　　　　　↑
　　　　　└ 図2

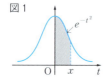
図1

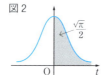
図2

$\mathrm{erf}(-\infty) = -1$
　　└── 図を描いて確めよ(**HW1**)

❶ 次に，ガウス関数の積分を通して定義される誤差関数についてです．定義(1)を図1を使って理解しておくといいでしょう．

❷ ガウス積分の値を使うと，無限遠方での値が1もしくは-1になることを確めてみましょう(**HW1**)．

$$\mathrm{erfc}(x) = \frac{2}{\sqrt{\pi}} \underline{\int_x^\infty e^{-t^2} dt} \tag{2}$$
　　　　　　　　　　└→ 図3

⟶　$\mathrm{erf}(x) + \mathrm{erfc}(x) = 1$ 　　　　　　　　　(3)
　　　　　　└─ 図4を用いて確めよ(**HW2**)

図3　　　　　　　図4

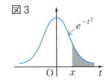　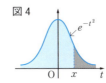

☑**注** $\mathrm{erf}(x)$ のグラフ

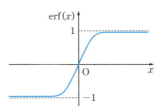

❸　末尾に"c"のついた**相補誤差関数**は，式(2)のように定義されます．やはり図を使って理解しておきましょう(図3)．図4を見れば，式(3)も納得できると思います(**HW2**)．

❹　なお，誤差関数のグラフはこのようになりますが，これは以上の議論から，だいたい理解できるでしょう．

100　第8章　初歩的な特殊関数

8.6　漸近展開

erfc(x) の $1/x$ 展開 ❶

❷

$$\mathrm{erfc}\,(x) = \frac{2}{\sqrt{\pi}} \int_x^\infty e^{-t^2}\,dt \tag{1}$$

$$\longrightarrow \quad \frac{1}{t}\underset{\text{ビ}}{\underline{\phantom{\frac{1}{t}}}}\,\underset{\text{セキ}}{\underline{\frac{d}{dt}\left(-\frac{1}{2}\,e^{-t^2}\right)}} \tag{2}$$

❸

部分積分

$$= \frac{2}{\sqrt{\pi}}\left\{\left[\frac{1}{t}\left(-\frac{1}{2}\,e^{-t^2}\right)\right]_x^\infty - \int_x^\infty dt\left(-\frac{1}{t^2}\right)\left(-\frac{1}{2}\,e^{-t^2}\right)\right\}$$

$$= \frac{2}{\sqrt{\pi}}\left(\underset{\equiv\,\phi_1{}'}{\underline{\frac{1}{2x}\,e^{-x^2}}} - \underset{\equiv\,R_1{}'}{\underline{\frac{1}{2}\int_x^\infty \frac{1}{t^2}\,e^{-t^2}\,dt}}\right) \tag{3}$$

❹

恒等式(4)：

$$\frac{1}{t^2}\,e^{-t^2} = \frac{1}{t^3}\underset{\text{ビ}}{\underline{}}\,\underset{\text{セキ}}{\underline{\frac{d}{dt}\left(-\frac{1}{2}\,e^{-t^2}\right)}} \longrightarrow$$

部分積分

$$R_1{}' = \left[\frac{1}{t^3}\left(-\frac{1}{2}\,e^{-t^2}\right)\right]_x^\infty - \int_x^\infty dt\left(-\frac{3}{t^4}\right)\left(-\frac{1}{2}\,e^{-t^2}\right)$$

$$= \underset{\equiv\,\phi_2{}'}{\underline{\frac{1}{2x^3}\,e^{-x^2}}} - \underset{\equiv\,R_2{}'}{\underline{\frac{3}{2}\int_x^\infty \frac{1}{t^4}\,e^{-t^2}\,dt}} \tag{5}$$

❺

$$\hspace{8em} (6)$$

$$\frac{1}{t^4}\,e^{-t^2} = \frac{1}{t^5}\underset{\text{ビ}}{\underline{}}\,\underset{\text{セキ}}{\underline{\frac{d}{dt}\left(-\frac{1}{2}\,e^{-t^2}\right)}} \longrightarrow$$

部分積分

$$R_2{}' = \underset{\equiv\,\phi_3{}'}{\underline{\frac{1}{2x^5}\,e^{-x^2}}} - \underset{\equiv\,R_3{}'}{\underline{\frac{5}{2}\int_x^\infty \frac{1}{t^6}\,e^{-t^2}\,dt}}$$

❻

8.6 漸近展開　　101

❶　次に漸近展開について説明します．まず漸近級数とは，発散級数であるけれども，有限まででとめて使うと，近似式として実用できる，というタイプの無限級数です．物理に現れる摂動展開も，このタイプになっていることがあります．

❷　例として，式(1)に示した相補誤差関数の展開を取りあげます．この展開は以下に見るように，積分による定義式において，被積分関数にくり返し部分積分を適用することで導出できます．

❸　定義式(1)の被積分関数を，式(2)のように2つのファクターに分解します．これは恒等式ですね．この2つの積に部分積分を適用すると，この式(3)を得ます．

❹　式(3)に残った積分の被積分関数をこの恒等式(4)を使って2つのファクターに分け，また部分積分して式(5)を得ます．

❺　以上の2回の部分積分で，2つの"表面項" ϕ_1', ϕ_2' と1つの積分 R_2' が残りました．

❻　さらに，もう一度積分すると，3つの項 ϕ_1', ϕ_2', ϕ_3' が現れ，積分 R_3' が残ります．

102 第8章 初歩的な特殊関数

以上のような部分積分を n 回おこなう ❶

$$\text{erfc}\,(x) = \frac{e^{-x^2}}{x\sqrt{\pi}}\left(1 - \frac{1}{2x^2} + \frac{1\cdot 3}{(2x^2)^2} - \frac{1\cdot 3\cdot 5}{(2x^2)^3} + \cdots\right) \tag{7}$$

$$= \phi_1 + \phi_2 + \phi_3 + \cdots \tag{8}$$

$$\text{ただし,}\quad \phi_1 = \frac{e^{-x^2}}{x\sqrt{\pi}}, \quad \phi_2 = \frac{e^{-x^2}}{x\sqrt{\pi}}\left(-\frac{1}{2x^2}\right), \quad \cdots$$

以上の計算の部分積分を n 回でとめた式

$$\text{erfc}(x) = \phi_1 + \cdots + \phi_n + R_n \tag{9}$$

$$\text{ただし,}\quad R_1 = \frac{1}{\sqrt{\pi}}R_1{}', \; R_2 = \frac{3}{2\sqrt{\pi}}R_2{}', \; R_3 = \frac{15}{4\sqrt{\pi}}R_3{}' \tag{10}$$

HW1

式(7)のカッコ内の級数について,初めの項を $n = 1$ とすると

$$a_n = \frac{1\cdot 3\cdot\cdots\cdot(2n-3)}{(2x^2)^{n-1}} \tag{11}$$

$$\rho_n = \left|\frac{a_{n+1}}{a_n}\right| = \left|\frac{1\cdot 3\cdot\cdots\cdot(2n-3)(2n-1)}{1\cdot 3\cdot\cdots\cdot(2n-3)}\cdot\frac{1}{2x^2}\right|$$

$$\sim \frac{2n-1}{2x^2} \; \xrightarrow[\substack{x^2\,\text{固定}}]{n\to\infty} \; \rho \to \infty \tag{12}$$

$\longrightarrow$ 発散

漸近級数の有用性 ❷

級数(7)は発散級数 ‼

でも "有限の n でとめて使う" と役に立つ

例 ϕ_2 まででとめる場合

$$\text{erfc}(x) = \phi_1 + \phi_2 + R_2 \qquad \longleftarrow \;\text{式(9)} \tag{13}$$ ❸

❶　このようにして部分積分を続けていくと,式(10)のように書けます.こ
れが erfc(x) の漸近展開です.また n 回までの計算は式(9)のように書け
ます.ここで,R_n は式(10)のように決まります(HW1).ところで,級数

ただし式(10)と(6)より

$$R_2 \sim \int_x^\infty t^{-4} e^{-t^2} dt \lesssim \frac{1}{x^4} \quad (14)$$

❹

$$< \frac{1}{x^4} \int_x^\infty e^{-t^2} dt$$

$x < t < \infty$ で $1/t^4 < 1/x^4$

式(14)より

$$\left|\frac{R_2}{\phi_2}\right| \lesssim \frac{1}{x} \to 0 \quad (x \to \infty) \quad (15)$$

❺

$\phi_2 \sim 1/x^3 \quad \longleftarrow \quad$ 式(7),(8)より

つまり

$$|R_2| \ll \phi_2 \quad (x \to \infty)$$

よって，$x \to \infty$ のとき

$$\mathrm{erfc}(x) \sim \underline{\phi_1 + \phi_2} \quad (16)$$

↑
有限でとめた式は〝良い近似〞 ⟶ **漸近展開**

(7)は，式(11),(12)に示したように発散級数になっています．

❷ このように無限級数(7)は発散級数なのですが，有限の n でとめて使うと役に立つことを説明していきます．

❸ 例として，$n=2$ でとめて使う場合を考えます．ここで，部分積分を2回でやめると式(9)より式(13)の形になります．

❹ ただし剰余項 R_2 は，式(14)で与えられます．

❺ ここで剰余項 R_2 と展開の最後の項 ϕ_2 の比は，x が無限大の極限で 0 になります(式(15))．このことから x が無限大の極限で，相補誤差関数を第2次近似項までで近似すること(式(16))は良い近似であることが期待されます．

■一般化

$$f(x) = \phi_1 + \phi_2 + \cdots + \phi_N + R_N \tag{17}$$

と書けて

$$\frac{R_N}{\phi_N} \xrightarrow{x \to \infty} 0 \tag{18}$$

となるとき

$$f(x) = \phi_1 + \phi_2 + \cdots + \phi_N + \cdots \tag{19}$$

は，$x \to \infty$ での $f(x)$ の漸近展開という

例 収束級数より発散級数が役立つ場合

誤差関数について，次の収束級数が導出できる

$$\mathrm{erf}(x) = \frac{2}{\sqrt{\pi}}\left(x - \frac{x^3}{3} + \cdots\right) \tag{20}$$

発散級数(7)は次の形に書ける

$$\mathrm{erfc}(x) = \frac{e^{-x^2}}{x\sqrt{\pi}}\left(1 - \frac{1}{2x^2} + \cdots\right) \tag{21}$$

❶

❷

❶ 漸近展開について，以上のストーリーを一般化してまとめておきます．ある関数 f が式(17)の形に展開されたとき，第 N 項まで展開したとき，第 N 展開項 ϕ_N とその剰余項 R_N の比が 0 に近づくなら(式(18))，漸近展開とよばれます(式(19))．

❷ さて漸近展開がどのように役立つのか，**例** で見てみましょう．まず誤差関数には，式(20)のような収束級数となっている展開が導出できます．一方，先ほどの相補誤差関数の発散級数展開を使うと，誤差関数の発散級数展開(22)が得られます(これは漸近級数になっています)．

式(21)を使い

$$\mathrm{erf}(x) = 1 - \mathrm{erfc}(x)$$

$$= 1 - \frac{e^{-x^2}}{x\sqrt{\pi}}\left(1 - \frac{1}{2x^2} + \cdots\right) \quad (22)$$

という発散級数(漸近展開)ができ，これより ❸

$$\mathrm{erf}(2) = 1 - \frac{e^{-2^2}}{2\sqrt{\pi}}(1 - \cdots) \quad (23)$$

$\underline{= 0.9968\cdots}$ ⟵ 真の値 $0.998\cdots$

一方，収束級数(20)を使うと ❹

$$\mathrm{erf}(2) = \frac{2}{\sqrt{\pi}}\left(2 - \frac{2^3}{3} + \cdots\right)$$

第 11 項までとったとき $1.00\cdots$

第 11 項まで含めても，式(22)の第 2 項までの結果に及ばない ❺

❸　式(22)の発散級数を使うと，これは漸近展開となっているため，第 2 項までの近似計算で非常に良い近似で $x = 2$ のときの値が計算できます(式(23))．

❹　一方，収束級数である式(20)を用いると，たとえ第 11 項まで計算しても，式(22)での第 2 項までの近似には遠く及びません．

❺　この例からわかるように，発散級数であっても漸近展開になっていれば，近似値を得るためには非常に役立ちます．

8.7 スターリングの公式

$$\Gamma(p+1) = \int_0^\infty dx\, x^p e^{-x} \qquad (1)$$

$\downarrow \quad \leftarrow x^p = e^{p\log x}$

$e^{p\log x - x}$

$x = py$ とおくと

$$p\log x - x = p\log p + \underbrace{p(\log y - y)}_{\equiv f(y)} \qquad (2)$$

$$\Gamma(p+1) = e^{p\log p}\int_0^\infty dx\, e^{pf(y)} \qquad (3)$$

$$f'(y) = \frac{1}{y} - 1 \qquad (4)$$

$$f''(y) = -\frac{1}{y^2} \quad (<0) \qquad (5)$$

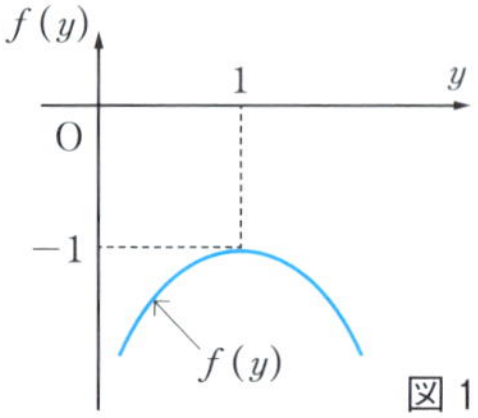

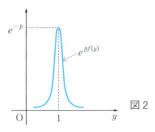

図1

→ $f(y)$ は $y=1$ で極大値 -1 (図1)

$p\to$ 大:式(3)の被積分関数 $e^{pf(y)}$ は $y=1$ に鋭いピーク(図2)

図2

---

❶ 次に**スターリングの公式**という,N が大きいときに $N!$ を良く近似する公式を導出します.この公式は統計力学でとてもよく使います.また,こ

> $f(y)$ を $y=1$ のまわりで展開
>
> $f(y) = \log\{1 + (y-1)\} - (y-1) - 1$
> 　　　└── 1 を足して 1 を引くことで $y-1$ の因子をつくる
> 　　　$= (y-1) - \dfrac{1}{2}(y-1)^2 + \cdots - (y-1) - 1$
> 　　　└── $\log(1+x) = x - \dfrac{x^2}{2} + \cdots$ で，$x = y-1$
> 　　　$= -1 - \dfrac{1}{2}(y-1)^2 + \cdots$ 　　　　　　　　　(6)

❺

の導出法は鞍点法とよばれる，複素関数論における近似法の簡単な場合になっています．

❷ この公式の導出のために，まず引数が $p+1$ のガンマ関数を考えます(式(1))．この被積分関数を指数関数の形に書き，その肩にのった関数の性質について調べます(式(2))．以下で p は十分に大きいと考えて議論を進めます．とくに，肩にのった関数の一部である f のグラフの概形を調べます(式(2), (4), (5))．

❸ すると，f は図 1 のような概形をもつことがわかります．

❹ p が大きいことを考えると，式(3)の被積分関数は，図 2 のように $y=1$ で鋭いピークをもつことがわかります．

❺ そこで，式(3)に含まれる $e^{pf(y)}$ の積分は $y=1$ の近傍で正確になるように計算してやれば，あまり細かいことは気にしなくても良い近似になることが期待されます．そこで f を $y=1$ のまわりで展開し，2 次の項までの近似(式(6))で計算を進めます．

第8章 初歩的な特殊関数

したがって

$$\Gamma(p+1) \cong pe^{p\log p}\int_{1-\varepsilon}^{1+\varepsilon} dy\, e^{-p\left\{1+\frac{1}{2}(y-1)^2\right\}} \quad (7)$$

（被積分関数が $y=1$ に鋭いピーク）

$$= pe^{p\log p - p}\int_{-\varepsilon}^{+\varepsilon} dy'\, e^{-\frac{p}{2}y'^2} \quad (8)$$

（$y - 1 \equiv y'$）

$$= pe^{p\log p - p}\int_{-\infty}^{+\infty} dy'\, e^{-\frac{p}{2}y'^2} \quad (9)$$

（被積分関数が $y=1$ に鋭いピーク）

$$= p\cdot p^p e^{-p}\cdot \sqrt{\frac{2\pi}{p}} \quad (10)$$

（ガウス積分）

$$\therefore\ \Gamma(p+1) \simeq e^{-p}p^p\sqrt{2\pi p}\quad (p \gg 1) \quad (11)$$

$$\therefore\ n! = n^n e^{-n}\sqrt{2\pi n}\quad (n \gg 1) \quad (12)$$

$\downarrow$ ── $n\log n \gg \frac{1}{2}\log n \quad (n \gg 1)$

スターリングの公式：$\log n! = n\log n - n \quad (n \gg 1) \quad (13)$

❶ 積分範囲は，1のまわりですこし幅をもたせておけばよいので，小さな正の数 ε を使って，式(7)のように $1-\varepsilon$ から $1+\varepsilon$ にとります．変数変換すると $-\varepsilon$ から $+\varepsilon$ までの積分になりますが(式(8))，その外側の領域では関数がほとんど 0 の値になっているので，この積分区間を $-\infty$ から $+\infty$ までにしても良い近似になっているはずです(式(9))．そうするとガウス積分になるので，値が式(10)のように評価できます．

8.8 楕円積分と楕円関数

8.8.1 楕円積分

(1) ルジャンドルの標準形($0 < k < 1$)

第 1 種楕円積分　$F(k, \phi) = \displaystyle\int_0^\phi \dfrac{d\phi'}{\sqrt{1 - k^2 \sin^2 \phi'}}$　(1)

第 2 種楕円積分　$E(k, \phi) = \displaystyle\int_0^\phi d\phi' \sqrt{1 - k^2 \sin^2 \phi'}$　(2)

$\phi = \dfrac{\pi}{2}$ のとき

$K(k) \equiv F\left(k, \dfrac{\pi}{2}\right)$　　第 1 種完全楕円積分　(3)

$E(k) \equiv E\left(k, \dfrac{\pi}{2}\right)$　　第 2 種完全楕円積分　(4)

❷　このようにして，近似式(11)が導出されました．p を整数 n におけば，式(12)が得られます．しかし実際には，式(12)の形よりも，むしろ式(13)の形で使うことが多いです．n が十分に大きいときには，公式(12)と(13)の差は無視できるほど小さいことを確認してください．

❸　やはり積分で定義される関数である楕円関数について見ていきましょう．このように第 1 種(式(1))と第 2 種(式(2))があります．パラメーター k は 0 と 1 の間の値をとります．角度変数 ϕ が $\dfrac{\pi}{2}$ のときは名前に"完全"がつき，それぞれを表すのに第 1 種には K を使い，第 2 種は E (のまま)を使い，式(3)と(4)のように書きます．

ϕ に関する周期性

$\sin^2\phi$ は図 1 のような周期性
関数 $f(\sin^2\phi)$ は図 2 のよう
な性質

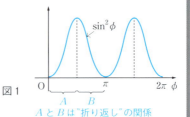

図 1

A と B は"折り返し"の関係

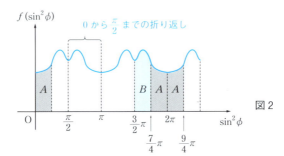

図 2

$$\int_0^{\frac{9}{4}\pi} f(\sin^2\phi)\,d\phi \equiv \int_0^{\frac{9}{4}\pi} \tag{5}$$

と略記すると，図 2 より

$$\int_0^{\frac{9}{4}\pi} = \int_0^{2\pi} + A = 4\int_0^{\frac{\pi}{2}} + \int_0^{\frac{\pi}{4}} \tag{6}$$

$$\longrightarrow F\!\left(k, \frac{9}{4}\pi\right) = 4\underbrace{F\!\left(k, \frac{\pi}{2}\right)}_{=K(k)} + F\!\left(k, \frac{\pi}{4}\right) \tag{7}$$

$$\int_0^{\frac{7}{4}\pi} = \int_0^{2\pi} - A = 4\int_0^{\frac{\pi}{2}} - \int_0^{\frac{\pi}{4}} \tag{8}$$

$$\longrightarrow F\!\left(k, \frac{7}{4}\pi\right) = 4K(k) - F\!\left(k, \frac{\pi}{4}\right) \tag{9}$$

$$\therefore F(k, n\pi \pm \phi) = 2nK(k) \pm F(k, \phi) \tag{10}$$

同様に

$$E(k, n\pi \pm \phi) = 2nE(k) \pm E(k, \phi) \tag{11}$$

また
$$\int_{\phi_1}^{\phi_2} = \int_0^{\phi_2} - \int_0^{\phi_1}$$
より

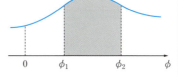

$$\int_{\phi_1}^{\phi_2} \frac{d\phi}{\sqrt{1-k^2\sin^2\phi}} = F(k,\phi_2) - F(k,\phi_1) \qquad (12)$$

また F, E は ϕ の奇関数
$$F(k,-\phi) = -F(k,\phi), \quad E(k,-\phi) = -E(k,\phi)$$

❶ これらの関数は，ϕ に関する周期関数を積分した量なので，ϕ に関する周期性をもちます．図1のような $\sin^2\phi$ の周期性を考えると，関数 $f(\sin^2\phi)$ は図2に示したような性質をもつことに注意しましょう．つまり，$\frac{\pi}{2}$ から π の形は 0 から $\frac{\pi}{2}$ の形を折り返したものとなり，π から 2π の形は 0 から π の形と同じ，2π から $\frac{5}{2}\pi$ の形は 0 から $\frac{\pi}{2}$ の形と同じになります．

❷ ここで式(5)のような略記を導入します．

❸ 図2を見ながら考えると，積分は式(6)のように分けることができます．これに対応して，F に対し式(7)が成立します．

❹ さらに式(8)のように考えると，F に対し式(9)も成立します．

❺ これらの議論を一般化すると，式(10)や(11)のような性質があることがわかります．

❻ また，ある角度からある角度への積分も式(12)のように表せます．

❼ さらに F や E は ϕ の奇関数になっています．積分による定義から示してみてください（HW1）．

(2) ヤコビの標準形 ❶

$x = \sin\phi$ とおく. $dx = \cos\phi\, d\phi$

$$d\phi = \frac{dx}{\cos\phi} = \frac{dx}{\sqrt{1-x^2}}$$

⬇

$$F(k,\phi) = \int_0^x \frac{dx'}{\sqrt{(1-x'^2)(1-k^2 x'^2)}} \tag{13}$$

❷

$$E(k,\phi) = \int_0^x dx' \sqrt{\frac{1-k^2 x'^2}{1-x'^2}} \tag{14}$$

"完全": $\phi = \dfrac{\pi}{2} \iff x = 1$ ❸

例 楕円の弧の長さ l ❹

$a > b$ とする

$$\frac{x^2}{a^2} + \frac{y^2}{b^2} = 1$$

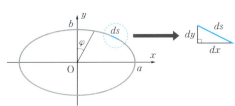

$$x = a\sin\phi, \quad y = b\cos\phi \tag{15}$$

$$dx = a\cos\phi\, d\phi, \quad dy = -b\sin\phi\, d\phi \tag{16}$$

❶ 次に,これまで扱ってきたルジャンドルの標準形といわれる定義を,ヤコビの標準形といわれる形に直してみます.

❷ その形は,これら式(13)と(14)で与えられます.

$$ds^2 = dx^2 + dy^2$$
$$= (a^2\cos^2\phi + b^2\sin^2\phi)d\phi^2$$
$$= \{a^2 - \underbrace{(a^2-b^2)}\sin^2\phi\}d\phi^2 \quad (17)$$
$$\cos^2\phi = 1 - \sin^2\phi$$

$$l = \int ds = a\int_0^\phi d\phi' \sqrt{1 - \underbrace{\frac{a^2-b^2}{a^2}}_{= k^2\;(a>b)}\sin^2\phi'}$$

これは $k^2 = \dfrac{a^2-b^2}{a^2}$ の第 2 種楕円積分

$$\therefore\ l = aE(k,\phi) \quad (18)$$

1 周分

$$l = a\int_0^{2\pi} d\phi' \sqrt{1 - k^2\sin^2\phi'} = 4a\,\underbrace{E\!\left(k,\frac{\pi}{2}\right)}_{= E(k)} \quad (19)$$

❺

❻

❼

❸ "完全"とつくものは $x = 1$ のときに対応します．

❹ 応用として，楕円の弧の長さを計算してみましょう（**例**）．角度 ϕ を図のようにとると，式(15)と(16)のような関係が成立することがわかると思います．

❺ 図のような楕円に沿った曲線座標 s 上の微小変位については式(16)が成立するので，これを ϕ で書きかえると式(17)のようになります（ϕ と図中の φ の関係：$\tan\varphi = (b/a)\tan\phi$）．

❻ 弧の長さは ds を必要な範囲で積分すればよいので，式(18)のように第 2 種楕円積分を用いて表せます．

❼ 1 周分であれば式(19)のように，完全楕円積分で表せます．

部分

$$l = a\int_{\phi_1}^{\phi_2} d\phi' \sqrt{1-k^2\sin^2\phi'}$$
$$= a\{E(k,\phi_2) - E(k,\phi_1)\} \qquad (20)$$

8.8.2 楕円関数

$$F(k,\phi) = \int_0^{x=\sin\phi} \frac{dX}{\sqrt{1-X^2}\sqrt{1-k^2X^2}}$$

$$F(k,\phi) \equiv F(\phi) = F(\sin^{-1}x) \equiv f(x) \qquad (21)$$

　　　↑　　　　　　　↑
　　k を固定　　　$x = \sin\phi$

$f(x)$ の逆関数を **sn 関数** とよぶ

$$f^{-1}(x) = \operatorname{sn} x \iff f(x) = \operatorname{sn}^{-1} x \qquad (22)$$

$k = 0$ のとき

$$f(x) = \int_0^x \frac{dx}{\sqrt{1-x^2}} = \sin^{-1} x$$

$$\therefore \operatorname{sn} x = \sin x \qquad (k=0)$$

⟶ sn 関数は sin 関数の "親せき"

したがって

$$y = \underbrace{\int_0^{x=\sin\phi} \frac{dX}{\sqrt{1-X^2}\sqrt{1-k^2X^2}}}_{= \operatorname{sn}^{-1} x} = f(x) = F(\phi)$$

とすると

$$\operatorname{sn} y = x = \sin\phi \qquad (23)$$

⟶ y を与えると $y = f(x) = F(\phi)$ によって x, ϕ が決まる

また

$$\operatorname{sn} F(\phi) = \sin\phi \qquad (24)$$

8.8 楕円積分と楕円関数 115

周期性

109 ページの式(3)の K を使う ❻

$$\mathrm{sn}(y + 2K) = \mathrm{sn}(F(\phi) + 2K)$$
└── ϕ は $y = F(\phi)$ から決まる

$$= \mathrm{sn}\, F(\pi + \phi)$$
└── F の周期性. 110 ページの式(10)

$$= \sin(\pi + \phi)$$
└── 式(24)

$$= -\sin\phi$$

$$= -\mathrm{sn}\, y$$
└── 式(23)

⟶ 周期 $4K$ の関数

k による $\quad \begin{cases} k = 0 \longrightarrow 4K = 2\pi \quad \sin \text{関数} \\ k\,\text{大} \longrightarrow 4K\,\text{大} \qquad \text{周期がのびていく} \end{cases}$
$(0 < k < 1)$

---

❶ 一部分であれば，楕円関数の差で表すことができます(式(20)).

❷ 次に，楕円関数を紹介します.

❸ 楕円関数 F のヤコビの標準形を考え，x の関数と見たとき(式(21))の逆関数を **sn 関数** と定義します(式(22)).

❹ したがって $k = 0$ のときには，sn 関数は sin 関数に一致します.

❺ したがって，$\mathrm{sn}\, y$ の値を知りたければ，その y を与える ϕ を知ることで，その値がわかります(式(23)).

❻ sn 関数はここに示したように，楕円関数の周期性に起因して，周期 $4K$ の周期関数になっています. K は k の値によって変わり，$k = 0$ のときには sin 関数であり，$4K = 2\pi$ の周期をもちますが，k が 0 より大きいと，周期はこれより大きくなります.

sn は sin の "親せき" なので
$$\operatorname{sn}^2 y + \operatorname{cn}^2 y = 1 \tag{25}$$
より **cn 関数**を定義
$$\operatorname{cn} y \equiv \cos\phi = \sqrt{1 - \sin^2\phi} = \sqrt{1 - \operatorname{sn}^2 y} \tag{26}$$
↑
$y = F(\phi)$ から与えられた y に対し ϕ が決まる

sn 関数と cn 関数のグラフは

❶

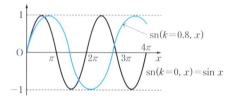

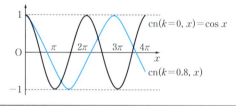

❷

❶ sn 関数は sin 関数と類似しているので，この関係式(25)によって **cn 関数**が導入されます．cn y の値を知りたければ，やはり y を与える ϕ を知ればよいことがわかります(式(26))．

❷ sn 関数と cn 関数のグラフの概形はこのようになります．

CHAPTER 9

複素関数論

これからかなりの時間を割いて複素関数論に取り組みます．このテーマは大学院入試にも必ずといってよいほど出題されます．ところどころ息の長い議論が必要になってきて，ロジックを追いかける力も必要になります．この程度のレベルの議論についてこられるなら，量子力学などの息の長い理論にもついていけるようになります．この単元をマスターできたら，これから物理学を学んでいくうえで，〝すくなくとも数学的には本質的な問題なく進めるはずだ〟という自信をもってよいです．裏を返せば，それほど簡単ではないということなので，それなりの覚悟で臨んでください．ひとつひとつ丹念に，手を動かしつつロジックを追いかければきっと道は開けます．

9.1 複素数と複素関数

$$z = re^{i\theta} \quad (1)$$
$$= x + iy$$

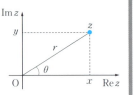

例 $f(z) = z^2 \quad (2)$
$$= (x + iy)^2$$
$$= \underbrace{x^2 - y^2}_{u(x,y)} + i \cdot \underbrace{2xy}_{v(x,y)} \quad (3)$$

一般に
$$f(z) = f(x + iy)$$
$$= u(x,y) + iv(x,y) \quad (4)$$

HW1 $\bar{z} = z^* = x - iy$ の u, v を書け

9.2 正則関数

9.2.1 微分の定義

$$f'(z) = \frac{df}{dz} = \lim_{\Delta z \to 0} \frac{\Delta f}{\Delta z} \quad (1)$$

$$\Delta f = f(z + \Delta z) - f(z)$$
$$\Delta z = \Delta x + i\Delta y \quad (2)$$

式(1)が点 z への**近づき方によらず唯一** $\implies$ 微分可能
$z = z_0$ および，その近傍で微分可能
　　$\longrightarrow$ $z = z_0$ で正則（**解析的**）
　　　　└ **正則点**（$\leftrightarrow$ 特異点）
ある領域で，正則（解析的）
　　$\longrightarrow$ その領域で**正則関数**（**解析関数**）

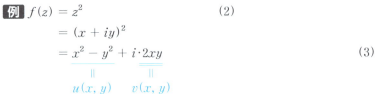

❶　はじめは第2章で学んだ〝大学生版〟複素数の復習からです．複素平面と指数関数を使った$r\text{-}\theta$表示を思い起こしましょう(式(1))．

❷　式(2)に示した関数$f(z)$は複素数zの関数なので**複素関数**とよばれるものの一例です．zをxとyで表示して実部と虚部に分けます(式(3))．それぞれxとyの関数になりますが，これらをu,vと名づけます(式(4))．このよび方を今後，一般的に使うことにします．

❸　次に**正則関数**ですが，これは**解析関数**ともよばれ，**微分可能**な関数という意味です．ただし複素数の場合，微分という概念は，定義はこれまでの実数の場合と本質的には同じですが，実数の場合にはなかった特徴をもちます．

❹　式(1)のように書くと，微分の定義は形式的には実数の場合と区別がつきません．ただ，zの微小変化はxとyの微小変化の和になっています(式(2))．これが実数の場合との大きな差を生みます．

❺　このことはすぐあとで見ることとし，まずは，ここに示した言葉づかいや言葉に慣れてください．**正則**と**解析的**は同義であり，**正則点**の反意語が**特異点**です．正則関数(解析関数)は〝微分可能な関数〟という意味になります．

注 "近づき方によらない"

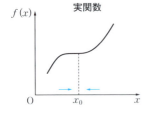
実関数

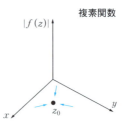
複素関数

9.2.2 正則関数の例

例 $f(z) = z^2$ $(f'(z) = 2z)$

$$\frac{d}{dz}z^2 = \lim_{\Delta z \to 0} \frac{(z + \Delta z)^2 - z^2}{\Delta z}$$

$$= \lim_{\Delta z \to 0} \frac{2z\Delta z + \Delta z^2}{\Delta z}$$

$$= 2z \tag{3}$$

  Δz は約分で消える $\longrightarrow$ 近づき方によらない

$\Longrightarrow z^2$ は正則関数

参考

$$\frac{dz^n}{dz} = nz^{n-1} \tag{4}$$

  $(z + \Delta z)^n = z^n + nz^{n-1}\Delta z + \cdots$

9.2.3 定義から示せる公式

$f(z), g(z)$ に対し $f'(z), g'(z)$ が存在

$$\frac{d}{dz}(af + bg) = af' + bg' \quad (a, b \text{ は } z \text{ によらない定数}) \tag{5}$$

$$\frac{d}{dz}fg = f'g + fg' \tag{6}$$

$$\frac{d}{dz}f(g(z)) = \frac{df}{dg}\frac{dg}{dz} \tag{7}$$

9.2 正則関数   *123*

> **例**
> $$\frac{d}{dz}\sin z = \frac{d}{dz}\left(z - \frac{z^3}{3!} + \frac{z^5}{5!} - \cdots\right) \tag{8}$$
> $$= 1 - \frac{z^2}{2!} + \frac{z^4}{4!} - \cdots$$
> $$= \cos z \tag{9}$$

❺

❶ さて予告しておいた，実数の場合との違いを見ていきましょう．実数の場合，微分可能であるためには，右極限と左極限が一致しなくてはいけないことになっていました．これは〝近づき方によらない〟ということを意味します．xという変数しかないので，着目する点に近づく方法は〝右からか左からか〟のいずれかしかないわけです．しかし複素平面で〝近づき方によらない〟と要求すると，無限のやり方があることに気づきます．このことから，先ほど導入したuとvがある条件(あとでわかるようにこれはコーシー・リーマン条件とよばれます)を満たさなくてはいけないことが帰結されます．

❷ 定義に従って(式(1))，関数z^2の微分を考えてみましょう．定義に従って計算を進めると形式的には，実数の場合とまったく同じ結果になります(式(3))．これは途中の〝分数の約分〟操作で，zの微小量$\varDelta z$が，〝近づき方によらない〟という条件のもとですら，式から消え去ってしまうからです．このようにして，第2章で先取りして使った結果が出てきます．

❸ zのn乗についての公式(4)も同様にして確認できます．

❹ 定義に従って考えると，高校数学で習った〝和の微分公式〟(式(5))，〝積の微分公式〟(式(6))，〝合成関数の微分公式〟(式(7))が成立することが示せます．高校の教科書に載っている証明で，文字xをzに書きかえれば，それがそのままこの複素数の場合の証明になります．

❺ 次にsin関数の場合です．この関数はべき級数で定義されるので(式(8))，べき乗の微分公式(4)と式(5)，(6)を使い，さらにcos関数の定義を思い起こすと，実数のときと形式的に同じ結果(式(9))が導かれます．

124　第9章　複素関数論

9.2.4　コーシー・リーマン条件 ❶

$$f = u + iv \tag{10}$$

$$\frac{df}{dz} = \lim \frac{\Delta u + i\Delta v}{\Delta x + i\Delta y} \tag{11}$$

$$\Delta u = u(z + \Delta z) - u(z)$$

$$\Delta v = v(z + \Delta z) - v(z)$$

近づき方 I

$$(11) = \frac{\Delta u + i\Delta v}{\Delta x} = \frac{\partial u}{\partial x} + i\frac{\partial v}{\partial x} \tag{12}$$

$$\underset{\Delta y = 0}{\llcorner}$$

近づき方 II

$$(11) = \frac{\Delta u + i\Delta v}{i\Delta y} = -i\frac{\partial u}{\partial y} + \frac{\partial v}{\partial y} \tag{13}$$

$$\underset{\Delta x = 0}{\llcorner}$$

微分可能ならば，式(11)の値は近づき方によらないので，式(12)，❷
(13)より

$$\frac{\partial u}{\partial x} = \frac{\partial v}{\partial y}, \quad \frac{\partial u}{\partial y} = -\frac{\partial v}{\partial x} \tag{14}$$

←　**コーシー・リーマン条件（CR 条件）**

逆にコーシー・リーマン条件が成立するなら ❸

$$df = du + idv$$

$$= \frac{\partial u}{\partial x}dx + \frac{\partial u}{\partial y}dy + i\left(\frac{\partial v}{\partial x}dx + \frac{\partial v}{\partial y}dy\right) \tag{15}$$

$$\underset{\text{CR 条件}}{\underline{= -\partial v/\partial x}} \qquad \underset{\text{CR 条件}}{\underline{\underline{= \partial u/\partial x}}}$$

$$= \frac{\partial u}{\partial x}(dx + idy) + i\frac{\partial v}{\partial x}(dx + idy)$$

$$= \left(\frac{\partial u}{\partial x} + i\frac{\partial v}{\partial x}\right)(dx + idy) \tag{16}$$

$$\underset{dz}{\longrightarrow}$$

任意の $dz = dx + idy$ に対して，近づき方によらずに ❹

$$\frac{df}{dz} = \frac{\partial u}{\partial x} + i\frac{\partial v}{\partial x} = \frac{\partial f}{\partial x}$$

$f = u + iv$

∴ コーシー・リーマン条件 ⟺ 微分可能 ❺

❶ さてこのように話を進めると，実数のときとまったく同じに見えますね．そこで，違いがわかる議論をします．予告したコーシー・リーマン条件の話です．f を u と v に分け(式(10))，定義に従って計算していきます(式(11))．さらに，図に示した 2 通りの近づき方を考えて，それぞれ計算します(式(12), (13))．

❷ 微分可能なら，式(11)の値は近づき方によらないので，式(12)と(13)は一致しなくてはいけないので，u と v の満たすべき**コーシー・リーマン条件**が帰結されます(式(14))．コーシー・リーマン条件を，略して CR 条件と書くこともあります．

❸ 逆に"コーシー・リーマン条件が満たされるならば微分可能である"ことも，ここに示した計算により確認してください．最後の式(16)で，dz のかたまりがくくりだせることがポイントです．

❹ このことによって，任意の dz に対し値が一意となります．

❺ ですので，コーシー・リーマン条件と微分可能性は等価の概念です．

126 第 9 章 複素関数論

HW1 式(15)で $\dfrac{\partial u}{\partial x}, \dfrac{\partial v}{\partial x}$ をコーシー・リーマン条件で置き換え ❶

$$\frac{df}{dz} = -i\frac{\partial f}{\partial y}$$

を示せ

例 $f(z) = |z|^2$ ❷

$z = x + iy$

$|z|^2 = x^2 + y^2 \equiv u + iv \qquad (u, v \text{ は実数})$

$\longrightarrow u = x^2 + y^2, \quad v = 0 \qquad\qquad (17)$

式(17)は CR 条件を満たさない $\longrightarrow$ **HW2**

$\Longrightarrow |z|^2$ は正則でない(非解析的)

コーシー・リーマン条件とラプラス方程式の関係 ❸

$$\frac{\partial^2 u}{\partial x^2} = \frac{\partial}{\partial x}\,\frac{\partial u}{\partial x}$$

$$= \frac{\partial}{\partial y}\,\frac{\partial v}{\partial x}$$

$\quad\vdash$ —— CR 条件 + 微分順の入れかえ

$$= -\frac{\partial^2 u}{\partial y^2}$$

$\quad\vdash$ —— CR 条件

$$\therefore \frac{\partial^2 u}{\partial x^2} + \frac{\partial^2 u}{\partial y^2} = 0 \qquad \text{ラプラス方程式} \qquad (18)$$

HW3 同様にして以下を示せ

$$\frac{\partial^2 v}{\partial x^2} + \frac{\partial^2 v}{\partial y^2} = 0 \qquad\qquad (19)$$

$\therefore f(z) = u + iv$ が正則 $\longrightarrow u, v$ はラプラス方程式を満たす ❹

9.2 正則関数

❶ **HW1** を確めてみると，f の微分の別の表現が出てきます．コーシー・リーマン条件のもとでは，両者は同一であることもチェックしてください．

❷ さて次に，絶対値関数の 2 乗を例としてコーシー・リーマン条件を調べましょう．定義に従えば，コーシー・リーマン条件を満たさないことがわかります．つまり，この関数は非正則な関数です．実数の世界は，絶対値関数 $|z|$ は右微分と左微分が異なり微分不可能，つまり非解析的でしたが，その 2 乗は微分可能なので，実数の場合とは異なっていますね．

❸ コーシー・リーマン条件は，ラプラス方程式と深い関係をもちます(式 (18))．

❹ f が正則関数であれば，その u と v は，それぞれラプラス方程式を満たしているのです！　このことは，境界条件のついたラプラス方程式を解くことに威力を発揮します．

　この複素関数を用いたラプラス方程式の解法は，この教科書では扱いません．ただ私は研究上，この方法にとてもお世話になりました．逆にその経験から，この教科書では取りあげないことにしました．どういうことかは 178 ページのコラムを見てください．実際この経験は，この教科書で取りあげる内容を絞ることにも役立ちました．ここでの教訓は，ある程度基礎があれば，あとは出くわしたときに自分で勉強すればなんとかなるというものです．

9.3 閉路積分

9.3.1 コーシーの定理

C：閉経路
$f(z)$：C の内部と C 上で正則

$$\oint_C dz\, f(z) = 0 \qquad (1)$$

ただし C の向きは反時計まわり

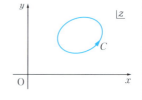

☑注 C は，自分自身と交差しない， 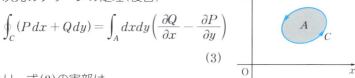 のようなものは不適

証明

$$\oint f(z)\,dz = \oint (u\,dx - v\,dy) + i\oint (v\,dx + u\,dy) \qquad (2)$$

$\qquad\qquad\uparrow f(z) = u + iv,\ z = x + iy$

2 次元のグリーンの定理(復習)

$$\oint_C (P\,dx + Q\,dy) = \int_A dx\,dy \left(\frac{\partial Q}{\partial x} - \frac{\partial P}{\partial y}\right) \qquad (3)$$

より，式 (2) の実部は

$$\oint (u\,dx - v\,dy) = \int_A dx\,dy \left(\underbrace{-\frac{\partial u}{\partial y} - \frac{\partial v}{\partial x}}_{= 0\ \leftarrow\ \text{CR 条件}}\right) = 0 \qquad (4)$$

HW1 同様にして式 (2) の虚部が 0 であることを示せ

以上より $\oint f(z)\,dz = 0$

9.3 閉路積分　129

❶　次に，複素平面上の閉じた経路での積分について考えます．これは**閉路積分**(contour integral)や**周回積分**などとよばれます．この種の積分で成立する重要な定理を取りあげます．ここに示したような条件を満たす経路 C と複素関数 f を考えます．

　　すると式(1)の積分は 0 となってしまいます．これをコーシーの定理といいます．これから学ぶ複素関数論というのは，このように 0 になってしまう積分を積極的に利用します．

　　なお，このように C の向きを反時計まわりにとる理由はあとで触れます．

❷　ただし，C は自分自身と交差しないものとします．

❸　上の定理を証明します．まず f も z も実部と虚部に分けて，左辺を実数部分と虚数部分に分けます(式(2))．ここで，そのそれぞれが 0 になることを説明します．

❹　まず，第 7 章で学んだ平面でのグリーンの定理(3)を思い起こします．この定理を使って式(2)の実部を見ると，コーシー・リーマン条件から 0 であることがわかります(式(4))．同様に，虚部も 0 になることを確めてください(HW1)．このようにして証明が終わります．複素平面上の閉じた経路での積分は，被積分関数が "変な性質" をもっていなければ(つまり，正則ならば) 0 になってしまうのです．

9.3.2 コーシーの積分定理

C：閉経路(反時計まわり)
$f(z)$：C 上と C の内部で正則
a：C 内の点

$$f(a) = \frac{1}{2\pi i}\oint_C \frac{f(z)}{z-a}\,dz \qquad (5)$$

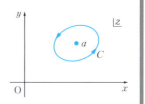

証明

下のような経路 $\varGamma$ を考える

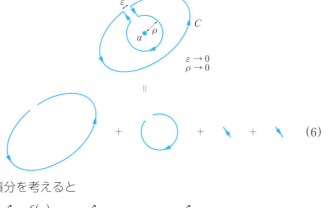

(6)

次の積分を考えると

$$I = \oint_\varGamma \frac{f(z)}{z-a}\,dz \equiv \oint_\varGamma \phi(z)\,dz \quad \longrightarrow \quad \int_\varGamma \text{と略記}$$

レクチャー

❶ 今度は，ここに示したコーシーの積分定理の説明です．経路 C と関数 f の満たす条件を確認してください．また，点 a は C 内の点です．このとき式(5)が成り立ちます．この定理を使うことはあまりないのですが，その導出はこれから取り組む数々の例題の典型例となりきわめて重要です．ここに，複素関数を使った積分計算の基礎が詰まっているといえます．

式(6)は

$$\oint_\Gamma = \int_C + \int_\odot + \int_\searrow + \int_\nearrow \qquad (7)$$

あとで説明 → ∥   ∥ ← $\varepsilon \to 0$ よりキャンセル
$-\int_\odot$ 0

❷ 証明のために，経路 C と点 a の図に経路を足して閉じた経路 Γ をつくります．点 a を中心とする半径 ρ の円を描き，それをもともとの経路 C と 2 本の (距離 ε だけ隔たった) 逆向きの経路でつなぎました．今後，このような閉じた経路のつくり方を何度も利用します．そのときにいつも ρ と ε は，無限に小さいとします．

ここで注目すべきことは，新しい経路 Γ は，もはや内部に点 a を含まないということです．

❸ この経路に沿った積分は，ここに示した 4 つの経路についての積分の和として表せます．

❹ このことをシンボリックに，式(7)のように表すことにします．ここで第 2 項は点 a を中心とする半径 ρ の経路についての積分ですが，これは経路 Γ においては時計まわりでした．これを反時計まわりに書き直して，マイナスの符号をつけることにします．この理由はあとで明らかになります．

❺ 第 3 項と第 4 項の和は ε が 0 の極限を考えると，同じ経路上を逆向きに積分したものの和になるので，0 です．

$\phi(z) = \dfrac{f(z)}{z-a}$ は C 上と C 内で特異点 $z = a$ 以外で正則なので

$$\oint_\Gamma = 0 \tag{8}$$

└─ コーシーの定理

❶

式(7)と(8)より

$$\oint_C = \oint_{C_\rho} \Leftrightarrow \oint_C \frac{f(z)}{z-a}\,dz = \oint_{C_\rho} \frac{f(z)}{z-a}\,dz \tag{9}$$

└─ C_ρ と表す　　└─ C_ρ 上で $z = a + \rho e^{i\theta}$ (10)

❷
❸

HW2 C_ρ 上では経路が式(10)で表される理由を考えよ

ヒント　たとえば $a = 0$ のとき，$z = \rho e^{i\theta} = \rho(\cos\theta + i\sin\theta)$ となり，これは複素平面上の点 $(\rho\cos\theta, \rho\sin\theta)$ に対応

つまり，右図の円周上の点に対応

$a \neq 0$ のとき，a', a'' を実数として，$a = a' + ia''$ と書くと，a は点 (a', a'') に対応

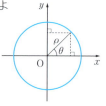

したがって

❹

$$\int_{C_\rho} \frac{f(z)}{z-a}\,dz = \int_0^{2\pi} \frac{f(a+\rho e^{i\theta})}{\rho e^{i\theta}} \rho i e^{i\theta}\,d\theta$$

$$= \int_0^{2\pi} i\,d\theta\, f(a + \rho e^{i\theta}) \longrightarrow 2\pi i f(a) \tag{11}$$

└─ $\rho \to 0$

❶　さらに経路 Γ での ϕ の積分は，被積分関数 ϕ の性質を考えると 0 になることがわかります(式(8))．なぜなら関数 f は C 内で正則なので，C 内で ϕ は $z = a$ 以外では正則だからです(ここで ϕ は $z = a$ では発散していることに注意してください．だからこの点は関数 ϕ の特異点であり，非正則な点です)．ところがすでに指摘したように，経路 Γ は点 a を除外する経路なのです．ですから，この経路 Γ 内で ϕ はいたるところで正則です．なのでコーシーの定理により，経路 Γ についての ϕ の積分は 0 です．

❷　以上の考察から，経路 C での積分である式(5)の右辺は(係数を除いて)

9.3 閉路積分 133

☑**注** 通常，経路は反時計まわりにとる. $\displaystyle\int_{\circlearrowleft} = -\int_{\circlearrowright}$　❺

式(9), (11)より　❻

$$f(a) = \frac{1}{2\pi i}\oint_C \frac{f(z)}{z-a}\,dz \quad \longleftarrow コーシーの積分定理 \tag{12}$$

HW3 式(12)を自分で再導出せよ

関数 ϕ の特異点 a のまわりの半径 ρ の円周に沿った積分と等しいことがわかりました(式(9)). そこで，この量を計算しましょう.

❸　この量を略記をやめてきちんと書くと，式(9)のいちばん右の表式となります. ここで，この積分の経路である複素平面上の円周は式(10)のように表現できます. なぜこうなるかは **HW2** で，ヒントを参考に考えてみてください.

❹　さて，この表現(10)を使って，$\rho \to 0$ の極限で計算を進めると，式(11)の最後の式を得ます.

❺　ところで複素関数の積分で，経路をまわる向きのデフォルトは反時計まわりであるといいました. これは，ここでの円周上の計算に関係があります. このような円周での積分を考えるとき通常，角度は反時計まわりにとりますね. これに対応してデフォルトは反時計まわりなのです. また，この円周上の計算の例から，円周上をまわる向きを逆向きにするとなぜマイナス符号が必要になるかもわかりますね. 逆向きにまわると角度についての積分が 0 から 2π でなく，2π から 0 になるからです(もっと一般的には，線積分は向きを逆向きにすると値がマイナスになるからです).

❻　さて，ここで式(11)の結果と式(9)から，コーシーの積分定理が導出できました(式(12)).

はじめにいったようにこの導出法は，今後の数々の例題の基礎となります. **HW3** として，ノートをちらちらと見てもよいので，自分で紙に書いて式(12)を再導出してみてください.

134　第 9 章　複素関数論

教訓　**特異点が大事**　❶

9.4　ローラン展開　❷

$f(z)$ は特異点のまわりで "テーラー展開" できない
☑**注** 特異点は正則でない点. $f(z)$ は発散, 不定　❸

"展開" してみる

例　$\dfrac{1}{z^3}\dfrac{1}{1-z}$　(1)　❹

　$z = 0, 1$ が特異点. $z = 0$ のまわりで展開

$$\frac{1}{z^3}(1 + z + z^2 + z^3 + z^4 + \cdots)$$　(2)

　　　└──→ $|z| < 1$ で収束することを確めよ（**HW1**）

$$= \frac{1}{z^3} + \frac{1}{z^2} + \frac{1}{z} + 1 + z + \cdots \ \leftarrow \ 0 < |z| < 1 \text{ で収束}$$　(3)　❺

　　　負のべきが現れる

　　$\Longrightarrow z = 0$ のまわりで収束する**ローラン展開**

---

❶　さて積分定理の計算を眺めなおしてみると，特異点が大事だということがわかると思います.

❷　そこで，複素関数の特異点についてくわしく見るために，ローラン展開というものを考えます.

❸　**特異点**とは微分ができない点です. したがって関数が発散したり，不定になっている点は特異点となります.

❹　特異点近傍での性質を調べるために例題を考えます. この関数(1)は $z = 0$ と 1 に特異点をもつことがわかります. うしろの項をテーラー展開してみます（式(2)）. この公式は z の大きさが 1 以下であれば収束を約束されています（**HW1**）.

9.4 ローラン展開　135

例 $\dfrac{e^z}{z-1}$ **6**

$z = 1$ が特異点

$$\frac{e^z}{z-1} = \frac{e^{z-1}\,e}{z-1} \tag{4}$$

└── e で割って e を掛ける

$$= \frac{e}{z-1}\left\{1 + (z-1) + \frac{(z-1)^2}{2!} + \frac{(z-1)^3}{3!} + \cdots\right\} \tag{5}$$

└── $e^X = 1 + X + \dfrac{X^2}{2!} + \cdots$ ①

$$= e\left\{\frac{1}{z-1} + 1 + \frac{z-1}{2!} + \frac{(z-1)^2}{3!} + \cdots\right\} \tag{6}$$

負のべき

└── 式①の収束域が，すべての X であることから
　　$z = 1$ 以外では収束 **HW2**

$\implies z = 1$ のまわりでのローラン展開

5　この式を展開すると，式(3)のように負のべきを含む無限級数が得られます．この級数は $z = 0$ では発散しますが，$z = 0$ 以外では，複素平面上の半径1の円の内側にあれば収束するはずです．このような負のべきをもつ無限級数を**ローラン展開**とよびます．一般に，このように特異点を除いたある収束円の内部で意味をもつ級数として得られます．ですから，特異点の近傍の性質を議論するために使えます．

6　次の例を考えましょう．この関数は $z = 1$ で発散しているので，この点は特異点です．分母をこの点のまわりでテーラー展開するために，e で割って e をまた掛けます(式(4))．そして，$z - 1$ をかたまりと見てテーラー展開します(式(5))．こうして，$z = 1$ のまわりで収束するローラン展開を得ました(式(6))．この場合，式①のテーラー展開は収束円をもたない(収束円の半径は無限大)ので(**HW2**)，このローラン展開は，$z = 1$ 以外ではいたるところで意味をもつ級数です．

一般化

特異点 $z = z_0$ のまわりで，C 内で収束する**ローラン展開**は次の形をとる

$$f(z) = a_0 + a_1(z-z_0) + a_2(z-z_0)^2 + \cdots \quad \leftarrow 正則部$$
$$\qquad + \frac{b_1}{z-z_0} + \frac{b_2}{(z-z_0)^2} + \frac{b_3}{(z-z_0)^3} + \cdots \quad \leftarrow 主要部$$

$$(7)$$

ただし

$z = z_0$ は**孤立特異点**

C は z_0 を中心とする円で

　内部に他の特異点をもたない

　　└─ このような円が存在する → "孤立"

ローラン展開に関する用語の説明

1 b_1 を**留数**という

2 $z = z_0$ で正則 → $b_1 = b_2 = \cdots = 0$ → 留数もゼロ

例：$e^z = 1 + z + \dfrac{z^2}{2!} + \cdots$

3 $b_n \neq 0$, $b_{n+1} = b_{n+2} = \cdots = 0$

$\Longrightarrow f(z)$ は $z = z_0$ に **n 位のポールをもつ**

☑**注** ポール

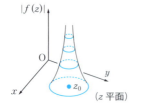

(z 平面)

$z \to z_0$, $|f(z)| \to \infty$

9.4 ローラン展開 **137**

❶ これら2つの例にならって，ローラン展開についてより一般的に考えて みましょう．この展開の一般的な形を式(7)のように，正則部と主要部に 分けて考えます．**主要部**は負のべきを含む部分で，この部分が大切になっ てくるので"主要"部とよびます．残りの部分はテーラー展開の形をして いて正則なので"正則"部とよびます．ただし，ここで z_0 は孤立特異点で す．**孤立特異点**とは，他の特異点と，ある有限の距離だけ離れている特異 点です．あとで例が出てきますが，複素平面上のある直線上いたるところ で非正則である場合は孤立点が稠密に分布しており，したがってこれらの 特異点は孤立していません．この例と対比して，孤立特異点のイメージを つかんでください．

❷ ある点 z_0 のまわりでのローラン展開の一般形(7)について，議論しまし ょう．

式(7)の係数 b_1 は**留数**(residue)とよばれますが，これまた日常で聞かな い言葉ですね．これも"残留物"というような意味の原語"residue"から 翻訳の際につくり出された造語です．複素積分というのはこれまで見てき たように，特別なことがないと0になります．そして，特別なことがある ときにだけ値が"残って"出てくるのです．そしてあとでわかるように， その"残留物"がこの b_1 という係数("留数")になるのです．

❸ b 係数 $(b_1, b_2, \cdots)$ がすべて0のときは，その関数は z_0 のまわりで正則で す．このときは留数の値も0です．

❹ b 係数が，ある n より大きな場合にすべて0になっていたとします．こ のとき，その関数は z_0 に n 位の**極**(pole)をもつ，または n 位の**ポール**をも つといい，n をこのポールの**位数**といいます．英語"pole"は"柱"とい う意味です．これは関数 f が z_0 で発散している場合を想像すると自然な よび方です．このように f の絶対値の等高線図を描いてみると柱のように なるからです．これからは極のことをポールとよんでいきます．

例 $\dfrac{e^z}{z^3} = \dfrac{1}{z^3}\left(1 + z + \dfrac{z^2}{2!} + \cdots\right)$ ❶

$\phantom{\dfrac{e^z}{z^3}} = \dfrac{1}{z^3} + \dfrac{1}{z^2} + \dfrac{1}{2!}\dfrac{1}{z} + \dfrac{1}{3!} + \dfrac{z}{4!} + \cdots$

$\Longrightarrow z = 0$ は 3 位のポール

例 $\dfrac{1}{(z-1)^4}$ は $z = 1$ に 4 位のポール ❷

HW3 $\dfrac{e^{z-a}}{(z-a)^3}$ は $z = a$ に何位のポールをもつか ❸

4 $\{b_n\}$ のうちの無限個がゼロでない $\longrightarrow$ **真性特異点** ❹

例 $e^{\frac{1}{z}} = 1 + \dfrac{1}{z} + \dfrac{1}{2!}\dfrac{1}{z^2} + \cdots$ \hfill (8)

$ e^X = 1 + X + \dfrac{X^2}{2!} + \cdots$

☑**注** 式(8)の右辺：$\rho_n = \dfrac{1}{n+1}\left|\dfrac{1}{z}\right| \xrightarrow[z\text{固定}]{n \to \infty} \rho = 0 \longrightarrow z \neq 0$ で収束

HW4

❶ さて，ポールの位数について理解を深めるために，さらにローラン展開の例を見てみましょう．この例は定義に従って，"$z = 0$ で 3 位のポールをもつ" と表現します．

❷ 次の例は，ローラン展開のうちの 1 項しかない特別な場合です．けれども定義に従えば，これも $z = 1$ のまわりのローラン展開であり，この点に 4 位のポールをもつと表現されます．

❸ **HW3** は，分母を $z = a$ のまわりでテーラー展開してみてください．

5 除去可能特異点

例 $f(z) = \dfrac{\sin z}{z}$

$z \to 0$ で不定

$$f(z) = \frac{1}{z}\left(z - \frac{z^3}{3!} + \frac{z^5}{5!} - \cdots\right) = 1 - \frac{z^2}{3!} + \frac{z^4}{5!} - \cdots \quad (9)$$

$f(z=0) = 1$ と約束 ⟶ 正則

❹ 次に，**真性特異点**を説明しましょう．**例**の関数は，テーラー展開の公式を使って式(8)のように展開できます．この級数の収束性を調べてみると，z が 0 でなければ収束することがわかります．したがってこれは，z が 0 でないときに意味をもつローラン展開です．そして定義により，$z = 0$ は真性特異点です．

❺ 次に，**除去可能特異点**です．**例**の関数は，分母と分子それぞれの極限をとると不定形極限値に対応しています．ところが三角関数は無限級数で定義されていることを思い起こすと(式(9))，実は，これは見せかけの特異点であることがわかります．このように適切な定義を導入することでなくせる場合を除去可能特異点といいます．

140　第 9 章　複素関数論

ポールの位数の判定法 ❶

例 $f(z) = \dfrac{z+3}{z^2(z-1)^3(z+1)}$ ❷

$z = 0,\ z = 1,\ z = -1$ のポール

$\longrightarrow$ 位数はそれぞれ 2 位，3 位，1 位となる

$z = 1$ の場合で説明 ❸

$$f(z) = \frac{g(z)}{(z-1)^3} \tag{10}$$

と書くと

$$g(z) = \frac{z+3}{z^2(z+1)} \tag{11}$$

$g(z)$ は $z = 1$ で正則 $\longrightarrow$ テーラー展開

$$g(z) = a_0 + a_1(z-1) + a_2(z-1)^2 + \cdots \tag{12}$$

さらに

$$g(1) = a_0 \neq 0,\ \infty \tag{13}$$ ❹

式(10)と(12)から

$$f(z) = \frac{a_0 + a_1(z-1) + a_2(z-1)^2 + \cdots}{(z-1)^3} \tag{14}$$ ❺

$$= \frac{a_0}{(z-1)^3} + \frac{a_1}{(z-1)^2} + \frac{a_2}{z-1} + \cdots \tag{15}$$

$a_0 \neq 0$ なので，$f(z)$ は $z = 1$ で 3 位のポール

HW5 同様にして，$z = -1$ が 1 位のポールであることを示せ ❻

9.4 ローラン展開　141

❶　さてこれで，ローラン展開の一般形に関する議論が終わりました．これらについて理解を深めるため，さらに例を考えていきます．

❷　例 の関数 $f(z)$ が発散する点はすぐにわかると思います．それぞれ何位のポールでしょうか．これまでの定義からすると，それぞれの点でローラン展開をしなければ判断できないように見えます．一方，直感的には"それぞれのべき指数でよいのでは？"と思う人もいると思います．そのナイーブな(安直な)直感は正しいのです．このことを説明します．

❸　$z = 1$ のポールの場合を例に説明します．与えられた関数を f と書いて，関数 g を式(11)のように定義します．すると g は $z = 1$ で正則なので，テーラー展開できます(式(12))．

❹　ここで a_0 は，もとの g で $z = 1$ とおけばわかるように，0 でも ∞ でもありません(式(13))．

❺　このことに注意して f をローラン展開してみると(式(14))，確かにポールの位数の定義により，$z = 1$ は 3 位のポールであることがわかります(式(15))．

❻　同様に考えれば，先ほどのナイーブな直感は正しいことが納得できると思います．HW5 として，$z = -1$ の場合について同様の議論をしてみてください．

142　第9章　複素関数論

9.5　留数定理 ❶

9.5.1　準備

コーシーの定理から

積分経路は，ポールにひっかからなければ，自由に変形できる ❷

　　　　　　　　　　　　　　　　　　　　＝値が不変

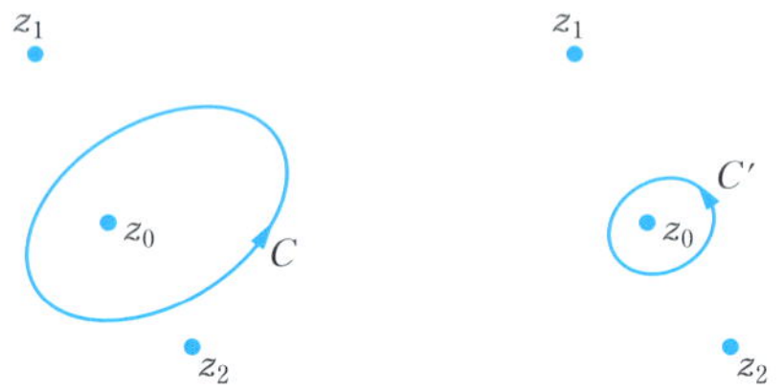

上の図で

$$\int_C dz\, f(z) = \int_{C'} dz\, f(z) \tag{1}$$ ❸

式(1)をシンボリックに書く ❹

$$\oint_C = \oint_{C'} \tag{2}$$

説明 ❺

　右のような経路 Γ

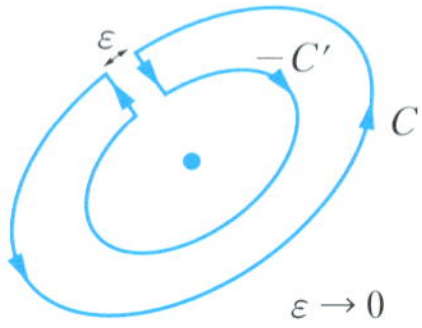

$$\underline{\int_\Gamma} = \oint_C + \underline{\int_\searrow + \int_\searrow} - \oint_{C'} \tag{3}$$

$\underset{\underset{\text{コーシーの定理}}{\uparrow}}{=0}$　　　$\underset{0}{\|} \leftarrow$ キャンセル($\varepsilon \to 0$)

$$\therefore \oint_C = \oint_{C'}$$ ❻

❶　次に複素関数論のハイライトである留数定理の説明に入ります．その前に，コーシーの定理から帰結されるこのステートメントについて説明しましょう．

❷　図の例にある 3 つの特異点 z_0, z_1, z_2 に柱(pole)が立っている状況を想像し，経路が複素平面上で自由に伸び縮みさせて変形させることができるひものようなものだと想像してみましょう．この想定のもとに，経路を C から C' に変形させることを考えてみると，このステートメントのイメージがつかめます．もし C が(もっと大きくて) z_1 や z_2 を含んでいたら，それを C' に変形しようとすると，z_1 や z_2 にある柱に引っかかって変形ができません．ところが C が z_0 以外に特異点を含んでいなければ，柱に引っかからずに変形ができます．

❸　コーシーの定理は実は，このような柱に引っかからない経路の変形に対して積分の値は不変であることをいっています(式(1))．

❹　このことをシンボリックに，式(2)のように書いてみます．今後このような記法をよく使いますが，何が省略されているかは文脈によって変わってくるので，文脈に注意してください．いまは $f(z)dz$ が省略されています．

❺　さて，この式(2)が成り立つ理由を説明します．それにはコーシーの積分定理を導出するときに考えたタイプの経路を考えます．C と C' の逆向きの経路を 2 本の直線の経路でつないでやるのです．このときにもこの付け足した経路の距離 ε は 0 の極限を考えます．

　この経路は C 内の f の特異点 z_0 を取り除くようにつくられています．つまり新しい経路 Γ の内部では，f はいたるところで正則です．つまり経路 Γ に対する積分値はコーシーの定理により 0 です．

　一方，この経路に関する積分は，このように 4 つの経路に関する積分に分解できます(式(3))．このうち付け足した 2 本の直線の経路の積分の和は ε が 0 の極限で 0 となります．これはコーシーの積分定理の導出のときと同様です．

　一方，同じ経路を逆まわりすると，積分値はマイナスになりますので，C' の積分の項にはマイナス符号がつきます．

❻　以上の考察から，確かに，柱に引っかからなければ積分値が変わらないことがわかったと思います．

9.5.2 留数定理

$f(z)$ は C 内には $z = z_0$ 以外に特異点をもたない

$$f(z) = a_0 + a_1(z-z_0) + \cdots$$
$$+ \frac{b_1}{z-z_0} + \frac{b_2}{(z-z_0)^2} + \cdots \qquad (4)$$

$$\Longrightarrow \oint_C f(z)\,dz = 2\pi i b_1 \qquad \text{留数定理} \qquad (5)$$

❶

留数定理の証明

コーシーの定理(式(1))より

$$\oint_C f(z)\,dz = \oint_{C_\rho} f(z)\,dz \qquad (6)$$

❷

$$= \oint_{C_\rho} \left\{ \underbrace{a_0 + a_1(z-z_0) + \cdots}_{\substack{\| \\ 0}} \overset{\text{正則}}{\longleftarrow} + \frac{b_1}{z-z_0} + \frac{b_2}{(z-z_0)^2} + \cdots \right\} dz$$

$$\qquad \qquad \qquad \qquad \qquad \qquad \qquad \qquad \qquad (7)$$

❸

レクチャー

❶ さて必要な準備が終わったので，いよいよ留数定理の説明をします．定理が成り立つ状況は，ここに示した通りです．つまり f はローラン展開で式(4)のように書けています．このとき式(5)のように，この積分の値は留数の $2\pi i$ 倍となるのです．これが留数定理です．

❷ 留数定理の証明をします．142 ページであらためておこなったコーシーの定理の説明から，経路 C に関する積分を z_0 を中心とする半径 ρ の円周上での積分に置き換えられます(式(6))．

公式
$$\int_{C_\rho} \frac{dz}{(z-z_0)^n} = \begin{cases} 2\pi i & (n=1) \\ 0 & (n \neq 1) \end{cases} \tag{8}$$
↑ **HW1**

ヒント 経路 $C_\rho : z = z_0 + \rho e^{i\theta}, \ dz = \rho e^{i\theta} id\theta$

→ 左辺は $\int_0^{2\pi} id\theta \dfrac{\rho e^{i\theta}}{(\rho e^{i\theta})^n}$

$\therefore \oint_C f(z)\,dz = 2\pi i b_1 \tag{9}$ ❹

❸ さてこのようにして,留数定理の左辺の評価は,円周 C_ρ 上での積分を f のローラン展開に対して実行すればよいことがわかりました.この計算を項ごとに考えてみましょう(式(7)).そのためには一般の n に対して,この公式(8)を示せば十分です.この公式の証明の詳細は **HW1** とします.

❹ そして,この公式(8)から結局,$n=1$ のときだけが"残り物"として残り,留数定理(9)が示されました.このような事情で,b_1 は"residue"(残り物)とよばれるのです.

146 第9章 複素関数論

☑注 C 内にいくつも特異点があるとき

$$\oint = 0 \qquad (10)$$

この経路内に特異点 z_1 と z_2 は含まれない

$$\Longrightarrow \oint_C = \oint_{\bigcirc z_1} + \oint_{\bigcirc z_2} \qquad (11)$$

式(3)を参考にして示せ（**HW2**）

$$\therefore \ 留数定理：\oint_C f(z)\,dz = 2\pi i \times (C \text{ の内部の留数の和}) \qquad (12)$$

3つ以上あっても同様

9.6 留数の求め方

9.6.1 ローラン展開

すでに扱った

9.6.2 1位のポール

$$f(z) = \frac{b_1}{z - z_0} + a_0 + a_1(z - z_0) + \cdots \qquad (1)$$

$$(z - z_0)f(z) = b_1 + a_0(z - z_0) + a_1(z - z_0)^2 + \cdots \qquad (2)$$

上式で $z \to z_0$ とすると

$$\lim_{z \to z_0}(z - z_0)\,f(z) = b_1 \equiv R(z = z_0) \qquad (3)$$

例 $f(z) = \dfrac{z}{(2z + 1)(5 - z)}$

$z = -\dfrac{1}{2}, \ z = 5$ に1位のポール

$$R\left(-\frac{1}{2}\right) = \lim_{z \to -\frac{1}{2}}\left(z + \frac{1}{2}\right)f(z) = \lim_{z \to -\frac{1}{2}}\frac{1}{2}\frac{z}{5 - z} = -\frac{1}{22} \qquad (4)$$

HW1

9.6 留数の求め方　147

❶　さて C 内に複数の孤立特異点があるときにはどうなるでしょうか？例として，C が 2 つの特異点 z_1 と z_2 を含む場合を考えましょう．そして例によって，これらの特異点を取り除くように経路を足して，新しい閉じた経路をつくります．すると，この経路内で関数は正則となるため，コーシーの定理から，この経路に関する積分は 0 になります（式(10)）．

❷　ところが，この経路に関する積分について，ペアの直線部分の積分は相殺して 0 であることを考えると，結局は式(11)に示した結果が出てきます（ HW2 ）．

❸　つまりこの場合，C 内の特異点のそれぞれについての留数を足し合わせたものを $2\pi i$ 倍したものになるわけです（式(12)）．3 つ以上の特異点が含まれている場合も，同様に考えればよいことも納得できますね．

❹　さてこうなってくると，複素積分では留数を求めることがとても重要だということがわかってきたと思います．そこでこれから，留数の求め方をさらに説明します．もちろんローラン展開をしてみればいいのですが，これから説明するように，もっと簡単に求めることができることもあります．

❺　まずは 1 位のポールをもつ場合を議論します．

❻　この場合，ローラン展開は式(1)の形をしています．この両辺に $z - z_0$ の因子を掛けて（式(2)），$z \to z_0$ の極限をとってみます．すると右辺では第 1 項より高次の項はすべて 0 になるため，公式(3)が成り立ちます．留数が対応する特異点を明らかにするため，ここに書いたような $R(z = z_0)$ のような記法も今後使います．

❼　さっそく，この公式(3)を使ってみましょう． 例 の関数はここに示した 2 か所で発散し，どちらも 1 位のポールです．$-\dfrac{1}{2}$ の場合の計算（式(4)）を完成してください．

148　第9章　複素関数論

☑**注** 上の計算で $2z + 1$ を掛けないこと

$$R(5) = -\frac{5}{11}$$

HW2

例 $f(z) = \cot z$

$z = 0$ で，1位の公式を使ってみる $\left(\cot z = \dfrac{\cos z}{\sin z}\right)$

$$R(0) = \lim_{z \to 0} z \cot z = \lim_{z \to 0} z \frac{1 - \dfrac{z^2}{2!} + \cdots}{z - \dfrac{z^3}{3!} + \cdots} = \lim_{z \to 0} \frac{z}{z} = 1 \tag{5}$$

9.6.3　高位のポール

例 2位のポール

$$f(z) = \frac{b_2}{(z - z_0)^2} + \frac{b_1}{z - z_0} + a_0 + a_1(z - z_0) + \cdots \tag{6}$$

$$(z - z_0)\,f(z) = \frac{b_2}{z - z_0} + b_1 + a_0(z - z_0) + \cdots \tag{7}$$

$z \to z_0$ で発散 $\longrightarrow$ 1位の場合の公式は使えない

そこで代わりに

$$(z - z_0)^2 f(z) = b_2 + b_1(z - z_0) + a_0(z - z_0)^2$$
$$+ a_1(z - z_0)^3 + \cdots$$

を考えて，両辺を z で微分

$$\frac{d}{dz}\{(z - z_0)^2 f(z)\} = b_1 + 2a_0(z - z_0) + 3a_1(z - z_0)^2 + \cdots \tag{8}$$

$z \to z_0$

$$\therefore b_1 = \lim_{z \to z_0} \frac{d}{dz}\{(z - z_0)^2 f(z)\} \tag{9}$$

9.6 留数の求め方　149

❶　この例で公式を使うときには $2z+1$ ではなく，$z+\dfrac{1}{2}$ を掛けなくてはいけないことに注意してください．

❷　$z=5$ での留数の計算もしてみましょう．

❸　次の例は $z=0$ で発散することがすぐわかります．一見しただけではこの特異点が何位のポールかわかりませんが，1 位のポールの公式を使ってみます．あとで説明するように，実は何位のポールであるかについては，あまり神経質になる必要はありません．

　　分母と分子にテーラー展開の公式を利用して計算を進め，極限をとります(式(5))．すると無事に留数が求められました．

❹　次に 2 位以上の場合について考察します．

❺　まず 2 位のポールのローラン展開の形を考え(式(6))，その両辺に例の因子を掛けます(式(7))．この式で先ほどと同様の極限をとると，右辺第 1 項で発散が起こります．このことから，2 位のポールに対して 1 位のポールの公式を使うと発散が起こって，意味のある計算ができないことがわかります．

❻　この場合にうまく b_1 を取り出すには，代わりに $(z-z_0)^2$ を掛けておいてから，両辺を z で微分します(式(8))．このあとに極限をとればよいのです．したがって，公式(9)を得ます．

150　第 9 章　複素関数論

例 3 位のポール

$$f(z) = \frac{b_3}{(z - z_0)^3} + \frac{b_2}{(z - z_0)^2} + \frac{b_1}{z - z_0} + a_0 + a_1(z - z_0) + \cdots$$

$$(z - z_0)^3 f(z) = b_3 + b_2(z - z_0) + b_1(z - z_0)^2$$
$$+ a_0(z - z_0)^3 + \cdots \tag{10}$$

上式の両辺を 2 回微分してから $z \to z_0$

$$\implies b_1 = \lim_{z \to z_0} \frac{1}{2!} \frac{d^2}{dz^2} \{(z - z_0)^3 f(z)\} \tag{11}$$

└── **HW3**

一般に

$$b_1 = \lim_{z \to z_0} \frac{1}{n!} \frac{d^n}{dz^n} \{(z - z_0)^{n+1} f(z)\} \tag{12}$$

右辺が発散しない限り，何位のポールでも使える

例 $f(z) = \dfrac{z \sin z}{(z - \pi)^3}$

$$R(\pi) = \lim_{z \to \pi} \frac{1}{2!} \frac{d^2}{dz^2} \{(z - \pi)^3 f(z)\} = \cdots = -1$$

└── 3 位の公式　　　　　　　　　　└── **HW4**

☑**注** $z = \pi$ は，実は 2 位のポール

$$z \sin z = (z - \pi + \pi) \sin(z - \pi + \pi)$$

└── $z = \pi$ のまわりでテーラー展開する準備

$$= -\pi(z - \pi) - (z - \pi)^2 + \frac{\pi}{6}(z - \pi)^3 + \cdots \tag{13}$$

└── 2 次の項まで確めよ（**HW5**）

例 2 位のポール

$$f(z) = \frac{b_2}{(z - z_0)^2} + \frac{b_1}{z - z_0} + a_0 + a_1(z - z_0) + \cdots \tag{14}$$

9.6 留数の求め方 151

$$(z - z_0)^3 f(z) = b_2(z - z_0) + b_1(z - z_0)^2 + a_0(z - z_0)^3 + \cdots$$

$\uparrow$ 両辺を z で 2 回微分して $z \to z_0$ とおく

$\longrightarrow b_1$ が 3 位のポールの公式で求められることを示せ (**HW6**)

(15)

❻

❶ 3 位のポールの場合はどうでしょうか. このときは $(z - z_0)^3$ の因子を掛けたあと (式(10)), 2 回微分してから極限値をとればよいのです (式(11)). この確認は **HW3** とします. その結果, この公式(11)が得られることを確かめてください.

❷ これまでの議論から一般の n に対し, 式(12)が成立することは容易に納得できますね. しかも, 実は右辺が発散しない限り, この公式は何位のポールについても使えます. これを次の実例で説明しましょう.

❸ **例** の関数は, 一見して $z = \pi$ にポールをもつことがすぐにわかりますが, $z - \pi$ の 3 乗を掛けると簡単になるので, 3 位のポールの公式を使ってみましょう. この結果を確かめてください (**HW4**).

❹ この結果は正しいのですが, 実はこのポールは 2 位です. これは分子をテーラー展開してみるとわかります. π を引いて足すテクニックを使い, そのあとはすこし計算です. この方法で, この結果を確かめてみてください. このことから, 式(13)を $z - \pi$ の 3 乗で割ると, 確かにもとの関数は $z = \pi$ に 2 位のポールをもつことがわかりますね.

❺ 同様に, 2 位のポールの留数が 3 位の公式で求められることを確認しましょう. この場合, ローラン展開は式(14)の形に書け, b_2 はノンゼロです.

❻ この両辺に $z - z_0$ の 3 乗を掛けて, 式(15)の下に書いた操作をしてみてください. この手続きによって b_1 が求められますが, これは 3 位のポールの公式を使ったことに他なりません. **HW6** で確かめてみてください.

このように式(12)の n 位の公式は, 右辺が発散しない限り, 何位のポールに対しても使えます.

152 第9章 複素関数論

9.7 留数定理による定積分の計算

9.7.1 三角関数を含んだ定積分

例 $I = \displaystyle\int_0^{2\pi} \dfrac{d\theta}{5 + 4\cos\theta}$

$z = e^{i\theta}$ とおく $\longrightarrow$ 複素平面上の単位円が経路

$$dz = ie^{i\theta}d\theta \qquad \left(\because dz = \frac{d\left(e^{i\theta}\right)}{d\theta}\,d\theta\right) \tag{1}$$

$$\cos\theta = \frac{e^{i\theta} + e^{-i\theta}}{2} = \frac{z + z^{-1}}{2} \tag{2}$$

より

$$I = \oint_C \frac{\dfrac{dz}{iz}}{5 + 4\dfrac{z + z^{-1}}{2}} \tag{3}$$

$$= \frac{1}{i}\oint_C \frac{dz}{(z+2)(2z+1)} \tag{4}$$

HW1

式(4)は，$z = -2$ と $z = -\dfrac{1}{2}$ にポールをもつ

（C 内のポールは $z = -\dfrac{1}{2}$ のみ）

したがって留数定理より

$$I = 2\pi i R\left(-\frac{1}{2}\right) \tag{5}$$

$$R\left(-\frac{1}{2}\right) = \lim_{z \to -\frac{1}{2}}\left(z + \frac{1}{2}\right)\frac{1}{i}\frac{1}{(z+2)(2z+1)} = \frac{2\pi}{3} \tag{6}$$

HW2

☑**注** $\displaystyle\int_0^{2\pi} d\theta\, f(\sin\theta, \cos\theta)$ 型に対して使える $\left(\sin\theta = \dfrac{e^{i\theta} - e^{-i\theta}}{2i}\right)$

9.7 留数定理による定積分の計算　　153

❶　さて，いよいよ複素関数を使った積分計算の例題を解いていきます．実は複素積分は，実数の積分を計算することに威力を発揮します．

❷　この例では，実変数 θ から複素変数 z への変換をすることで，もとの実積分を複素積分にします．この変換で，積分は複素平面上の半径 1 の円を 1 周する閉じた経路に変換されますね．さらに cos 関数も z を使って書けます（式(2)）．さらに変換式の両辺の全微分を考えた式(1)も使うと，もとの積分は，閉じた経路での複素関数の積分に置き換わりました（式(3)）．この積分が 0 でない値をもつなら，被積分関数は特異点をもつはずですね．

❸　被積分関数の分母は z の 2 次関数なので，式(4)のように因数分解でき，特異点の位置がわかります．あとは留数定理を使うことにすれば（式(5)），C 内にある特異点の留数を計算するだけです（式(6)）．1 位の公式を使って式(6)の計算を確かめてください（ HW2 ）．

❹　上に見た方法は，"三角関数を含んだ関数 f をその角度変数についてぐるっと 1 周分積分する実積分" に対して使うことができます．三角関数は z の関数で書けるからです．実際に答えが得られるかどうかは関数 f 次第です．

154 第9章 複素関数論

9.7.2 実軸上の無限区間積分

例 $\displaystyle\int_{-\infty}^{\infty} f(x)\,dx$ 型 ($x \to \infty$ で $xf(x) \to 0$ が必要) **❶**

$$I = \int_{-\infty}^{\infty} \frac{dx}{1+x^2}$$ **❷**

$x \to z$ として，右のような経路を考える

$$J = \oint_C \frac{dz}{1+z^2}$$

$\longrightarrow z = \pm i$ にポール

$$\equiv \int_{\frown} + \int_{\longrightarrow} \longrightarrow I \qquad (7)$$

$\downarrow$ あとで $\qquad \longrightarrow$ この経路上では $z = x$ なので

0

$$= \int_{-R}^{R} \frac{dx}{1+x^2} \xrightarrow{R \to \infty} I$$

C 内には $z = i$ のみが含まれるので **❸**

$$J = \oint_C \frac{dz}{1+z^2} = 2\pi i R(i) = \pi \qquad (8)$$

$\uparrow$ 留数定理 **HW3**

ヒント $\displaystyle R(i) = \lim_{z \to i} (z-i)\frac{1}{1+z^2}$

$$\therefore I = \pi \qquad (9)$$ **❹**

---

❶ 次は，実変数に対する無限区間の積分です．この場合は，関数 f がカッコに書いた性質を満たしていないと使えないことが，あとでわかります．

❷ この場合は x を z に置き換えます．そして複素平面で，図のような半円に沿った経路を考えます．この図でのお約束は，半径 R は無限大の極限をとるということです．こうすると実軸の部分の積分は，もとの積分になっていることに注意してください．つまりここで考えた複素積分 J は，もとの実積分プラス半円に沿った複素積分になっているわけです．これをシンボリックに式(7)のように書いておきます．さらに，あとで見るように半

9.7 留数定理による定積分の計算 *155*

❺

半円の経路での積分が 0 であること

経路を $z = Re^{i\theta}$ と書く $\longrightarrow$ $0 < \theta < \pi,\ dz = Rie^{i\theta}d\theta$

$$\int_{\frown} = \int_0^\pi \frac{Rie^{i\theta}\,d\theta}{1 + (Re^{i\theta})^2} \equiv \int_0^\pi d\theta\, g(\theta)$$

$$\longrightarrow\ g(\theta) = \frac{Rie^{i\theta}}{1 + (Re^{i\theta})^2}$$

$$\left|\int_{\frown}\right| = \left|\int g(\theta)\,d\theta\right| \leq \int |g(\theta)|\,d\theta \tag{10}$$

❻

なぜなら

$$\left|\sum_k g(\theta_k)\Delta\theta\right| = |g(z_1) + g(z_2) + \cdots|\Delta\theta$$

$$\leq (|g(z_1)| + |g(z_2)| + \cdots)\Delta\theta$$

$\longmapsto$ 右図参照

$$= \sum_k |g(z_k)|\,\Delta\theta$$

$|z_1 + z_2| \leq |z_1| + |z_2|$

円の経路の積分も 0 ですので，I は J に等しくなっています．一方，この閉じた経路 C での複素積分 J の被積分関数は，C 内に 1 つの特異点をもちます．

❸ したがって留数定理を使って，積分 J の値が求められます（式(8)）．確めてみてください（**HW3**）．

❹ これまで説明してきたことから，もし半円の部分での積分が 0 であると仮定すれば，もとの実積分の値が式(9)のように決まります．

❺ 半円上での積分が 0 であるという仮定が正しいことは以下のようにして確められます．

❻ 積分が 0 であることを示せばよいので，まず，この積分の絶対値を考えます（式(10)）．すると，この量は被積分関数の絶対値を同じ区間で積分したもので上限を抑えられます．これは，ここに示した複素平面上での三角形を考えると理解できるでしょう．そこで被積分関数の絶対値を考え，それが 0 に近づくことを示せれば望みの証明は完了します．

156 第9章 複素関数論

式(10)に戻り $|g(z)| \to 0$ を示す

$$|g(z)| = \frac{|Rie^{i\theta}|}{|1 + (Re^{i\theta})^2|} \qquad \left(\because \left| \frac{z_1}{z_2} \right| = \frac{|z_1|}{|z_2|} \right) \tag{11}$$

$$\xrightarrow{R \to \infty} \frac{|R||i||e^{i\theta}|}{R^2}$$

$$\underline{\qquad} |z_1 z_2| = |z_1||z_2|, \ |(Re^{i\theta})^2| = R^2|e^{2i\theta}| = R^2$$

さらに，$|i| = 1$ と $|e^{i\theta}| = 1$ より

$$\therefore |g(z)| \xrightarrow{R \to \infty} \frac{R}{R^2} \sim \frac{1}{R} \xrightarrow{R \to \infty} 0 \tag{12}$$

☑**注** $x \to \infty$ のとき $|xf(x)| \to 0$ ならば $I = \int_{\frown} f(z)\,dz \to 0$ $\qquad$ (13)

$\because z = Re^{i\theta}$ として

$$|I| = \left| \int_0^\pi f(z)\,iz\,d\theta \right| \le \int_0^\pi |zf(z)|\,d\theta \tag{14}$$

$$\underline{\qquad} |f(z)iz| = |zf(z)|$$

ゆえに $R \to \infty(|z| \to \infty)$ で $I \to 0$ となるには $|zf(z)| \to 0$ が必要

この条件 $\iff f(z) \sim \dfrac{1}{z^{1+\alpha}} \ (\alpha > 0) \iff f(x) \sim \dfrac{1}{x^{1+\alpha}}$

$$\iff xf(x) \to 0 \ (x \to \infty)$$

9.7.3 フーリエ変換型定積分 ― ステップ関数 ―

例 $\displaystyle\int_{-\infty}^\infty f(x)\,e^{ikx}\,dx$ 型 $\quad$ (k は実数．$x \to \infty$ で $f(x) \to 0$)

☑**注** これはフーリエ変換の形をしている

☑**注** 上の条件 $f(x) \to 0$ は，すぐ上の **例** の $xf(x) \to 0$ に比べゆるい

$$I = \frac{1}{2\pi i} \int_{-\infty}^\infty dx\, \frac{e^{ixt}}{x - i\varepsilon} \qquad (\varepsilon > 0, \ \varepsilon \to 0) \tag{15}$$

❶ そこで被積分関数の絶対値を，複素数の数々の性質を使って計算していきます(式(11))．虚数単位 i や純虚数の指数関数(指数関数の肩に純虚数が乗っかったもの)の絶対値はいずれも 1 であることに注意してください．このようにして被積分関数の絶対値は $\frac{1}{R}$ に比例することがわかり，証明が完了です(式(12))．

❷ 最後に，以上の議論を一般化した定理について触れます．複素平面の上半面の半円上での積分は，f がここに書いた収束条件を満たせば 0 になります(式(13))．証明はここに示した通り，上の議論をそのまま一般化すれば完了します．この定理は暗記するより証明をしっかり理解し，同じ議論を自分でもできるようにしておくことが大切です．

❸ さらに $f(z)$ に関する条件が，対応する実関数 $f(x)$ に対する条件に書きかえられることも見ておきましょう．

❹ 次に，ここに書いた形の実数無限区間積分を扱います．これは実は，あとで学ぶフーリエ変換の形をしています．以下の議論が使えるためには，f が無限遠で 0 に近づくという収束条件が必要になります．この条件は，前問の条件よりもゆるくなっていることに注意してください．たとえば，$\frac{1}{x}$ は前問の収束条件を満たしませんが，この場合の収束条件は満たしていますね．条件がゆるくなっているため，これからわかるように，k の正負によって積分が 0 になる大半円の経路が，上半面か下半面かのどちらかになります．

❺ さて，具体的には積分(15)を計算してみましょう．ただし ε は，ここに示したようなものとします．

準備

$t > 0$ のとき $\displaystyle\int_\frown \dfrac{e^{izt}}{z-i\varepsilon}dz \to 0$ (16)

$(R\to\infty)$

$z = Re^{i\theta},\ dz = Rie^{i\theta}d\theta$ より上の式は

$$\int_0^\pi \dfrac{e^{iRe^{i\theta}t}}{Re^{i\theta}-i\varepsilon}Rie^{i\theta}d\theta \equiv \int_0^\pi g(\theta)d\theta \tag{17}$$

よって，$R \to \infty$ では

$$|g(\theta)| \to \dfrac{|e^{iRe^{i\theta}t}|}{\underbrace{|Re^{i\theta}-i\varepsilon|}_{\to R}}\underbrace{|Rie^{i\theta}|}_{\to R} = |e^{iRe^{i\theta}t}|$$

$$\underset{\uparrow}{=} |e^{i\alpha}|e^{-R\sin\theta\cdot t} = e^{-R\sin\theta\cdot t}$$

$iRe^{i\theta}t = iR(\cos\theta + i\sin\theta)t$
$= i\alpha - R\sin\theta\cdot t \quad (\alpha = \cos\theta\cdot t\text{ は実数})$

$\therefore\ |g(z)| \to e^{-R\sin\theta\cdot t} \to 0$ (18)
　　　　　　　↑
　　　　　　　$0 < \theta < \pi$ より $\sin\theta > 0$（上図）かつ
　　　　　　　$t > 0$（最初の仮定）

$t < 0$ だと上の議論は破綻する!!
$\longrightarrow\ t < 0$ では下の経路をとる

HW4 $t < 0$ のとき

$\displaystyle\int_\smile \dfrac{e^{izt}}{z-i\varepsilon}dz \xrightarrow{R\to\infty} 0$

を示せ

$(R\to\infty)$

ヒント $\displaystyle\int_{-\pi}^0 d\theta\cdots,\ -\pi < \theta < 0$ では $\sin\theta < 0$

以上で準備は終わり，式(15)に戻る

9.7 留数定理による定積分の計算　159

❶　まず準備として，式(16)の複素積分が 0 になることを示します．この被積分関数は，問題の積分 I(式(15))の被積分関数において実数変数 x を複素変数 z に置き換えたものになっていることに注意してください．またここで考えている円の半径 R については，例によって無限大の極限を考えます．

❷　さて，この半円の経路上での積分を R と θ を使って書きかえ(式(17))，例によって被積分関数の絶対値を調べてやります．これが 0 に収束すれば，155 ページの不等式(10)を思い起こすことで証明は完成します．この絶対値に出てくる分子の指数関数の因子 $|e^{iRe^{i\theta}t}|$ は慎重に議論する必要があります．指数関数の肩に純虚数が乗っていればその絶対値は 1 (なぜなら θ が実数なら $e^{i\theta}=1$)であることを使うと，被積分関数の絶対値 $|g(z)|$ は，半円の半径 R を無限大にもっていくと 0 になることが示せました(式(18))．このとき，指数関数の肩の部分 $(-R\sin\theta \cdot t)$ が全体としてマイナスになっていないと，この議論は破綻することに注意してください．

❸　ここでは θ のとりうる範囲を考えると $\sin\theta$ が正であることがわかり，さらに t も正であることから，議論は成立します．

❹　逆にいうと，t が負の場合には以上の議論は使えません．このときには，複素平面の下半面の大円を考えると，対応する積分が 0 になることが示せます．

❺　このことは **HW4** で確めてみてください．

❻　さて準備が終わったので，もとの積分 I(式(15))の計算をします．これは t の正負に分けておこないます．t が 0 のときはまたあとで別に扱います．

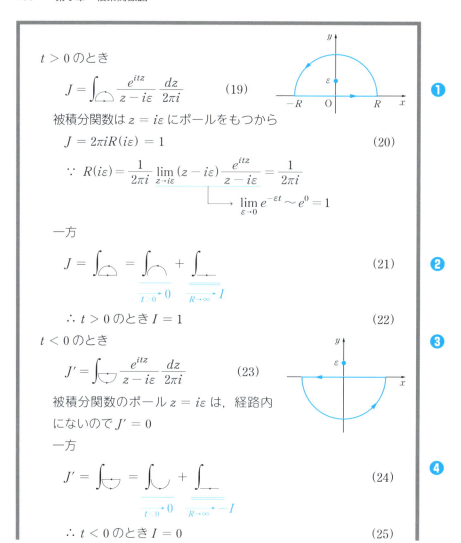

$t > 0$ のとき
$$J = \int_{\frown} \frac{e^{itz}}{z - i\varepsilon} \frac{dz}{2\pi i} \quad (19)$$

被積分関数は $z = i\varepsilon$ にポールをもつから
$$J = 2\pi i R(i\varepsilon) = 1 \quad (20)$$

$$\therefore R(i\varepsilon) = \frac{1}{2\pi i} \underline{\lim_{z \to i\varepsilon} (z - i\varepsilon) \frac{e^{itz}}{z - i\varepsilon}} = \frac{1}{2\pi i}$$
$$\longrightarrow \lim_{\varepsilon \to 0} e^{-\varepsilon t} \sim e^0 = 1$$

一方
$$J = \int_{\frown} = \underbrace{\int_{\frown}}_{t \to 0} + \underbrace{\int_{\longrightarrow}}_{R \to \infty \; I} \quad (21)$$

$$\therefore t > 0 \text{ のとき } I = 1 \quad (22)$$

$t < 0$ のとき
$$J' = \int_{\smile} \frac{e^{itz}}{z - i\varepsilon} \frac{dz}{2\pi i} \quad (23)$$

被積分関数のポール $z = i\varepsilon$ は，経路内にないので $J' = 0$

一方
$$J' = \int_{\smile} = \underbrace{\int_{\smile}}_{t \to 0} + \underbrace{\int_{\longleftarrow}}_{R \to \infty \; -I} \quad (24)$$

$$\therefore t < 0 \text{ のとき } I = 0 \quad (25)$$

❶ 式(15)の実積分 I に対応する複素積分 J を考えます(式(19))．x を z に置き換え，複素平面上での積分経路を半円板の縁にとります．この複素積分 J の被積分関数はこの経路内に含まれるポールが1つあるので，留数定理によってこの積分の値を計算することができます(式(20))．

> **☑注** ステップ関数(θ関数)
> $$\theta(t) = \begin{cases} 1 & (t > 0) \\ 0 & (t < 0) \end{cases} \quad (26)$$
> を導入すると
>
>
>
> $$\theta(t) = \frac{1}{2\pi i} \int_{-\infty}^{\infty} \frac{e^{itx}}{x - i\varepsilon} dx \quad (\varepsilon > 0,\ \varepsilon \to 0) \quad (27)$$
> と書ける → 積分による関数の定義の例

❷ 一方，この積分は2つの経路に分けて計算できます(式(21))．ところがこの第1項は準備の段階で示したように0となります．そしてこの第2項が，計算したかった実積分 I になっていることに注意しましょう．したがって $I = 1$ という結論(22)を得ます．

❸ 次に t が負のときは，図のように経路を円板の下半分にとってみます．するとこの場合には，被積分関数のポールは経路内にないので，この積分 J'(式(23))は0です．

❹ 一方，この積分も2つの経路に分けて考えれば(式(24))第1項は0となり，第2項は求めたい積分 I にマイナス符号をつけたものになります．積分区間の上端と下端が入れかわっているからです．以上の議論から t が負のときには実積分 I の値は0であることがわかりました(式(25))．

❺ ここでステップ関数 $\theta(t)$ を式(26)のように定義すると，実積分 I はステップ関数 θ に他なりません．実は，ステップ関数は実積分(27)で定義できるのです．

❻ このように関数を積分で定義することもあり，これはその一例となっています．

☑**注** $t=0$ のとき, 実は上の積分の定義は $\theta = \frac{1}{2}$ となる(あとで)

HW5 $\int_\frown \frac{ze^{itz}}{1+z^2} dz \to 0 \ (t>0)$ および $\int_\smile \frac{ze^{itz}}{1+z^2} dz \to 0 \ (t<0)$
を示せ

一般に
$R \to \infty$ のとき $|f(z)| \to 0$, $k > 0$ なら
$$I = \int_{C_R} f(z) e^{ikz} dz \to 0 \qquad (28)$$

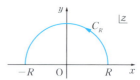

証明 与式から, C_R 上で $z = Re^{i\theta}$ より
$$I = \int_0^\pi f(Re^{i\theta}) e^{ikR(\cos\theta + i\sin\theta)} iRe^{i\theta} d\theta \equiv \int_0^\pi g(\theta) d\theta$$

$\left| \int_0^\pi g(\theta) d\theta \right| \leq \int_0^\pi |g(\theta)| d\theta$ より

$$|I| \leq \int_0^\pi |f(Re^{i\theta})| e^{-kR\sin\theta} R \, d\theta \leq \varepsilon_R R \int_0^\pi e^{-kR\sin\theta} d\theta$$
　　　　↑
　　C_R 上での $|f(z)|$ の最大値 ε_R 導入: $|f(Re^{i\theta})| \leq \varepsilon_R$

$$\int_0^\pi e^{-kR\sin\theta} d\theta < 2\int_0^{\pi/2} e^{-kR\frac{2}{\pi}\theta} d\theta$$
　　　　　　↳ 右図

$$= \frac{\pi}{kR}(1 - e^{-kR}) \to = \frac{\pi}{kR}$$

$$\implies |I| \to \varepsilon_R R \frac{\pi}{kR} = \frac{\pi \varepsilon_R}{k} \to 0$$
　　　　　$|f(z)| \to 0$ より $\varepsilon_R \to 0$ ─┘

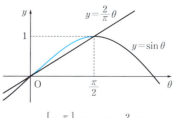

$\to \left[0, \frac{\pi}{2}\right]$ で $\sin\theta > \frac{2}{\pi}\theta$

9.7.4 ディラックの公式と主値積分

例 $I = \lim_{\epsilon \to 0} \int_{-\infty}^{\infty} \frac{f(x)}{x - x_0 + i\epsilon} dx$ (29) ❹

☑**注** 式(27)で $t = 0$ とおいたものは，式(29)で $f(x) = 1/2\pi i$, $x_0 = 0$, $\epsilon \to -\varepsilon$ としたものになっている

❶ 上の議論では t が 0 のときを除外してきました．あとで示すように，ステップ関数を積分(27)で定義すると，$t = 0$ のときには $\frac{1}{2}$ になっていることがわかります．

❷ **HW5** として，158ページと同様の議論により，これらの式を示してみてください．

❸ より一般的にはこのような定理が成り立ちます(式(28))．$k < 0$ の場合は下側の半円周上の経路に対して，この定理が成立します．証明はここに示しましたので，余力があれば追ってください．ただ，**HW5** の計算をロジカルに納得できていれば十分です．

❹ 次に，この実積分(29)を考えます．この計算結果を使うと，式(27)の積分で定義されたステップ関数が $t = 0$ で $\frac{1}{2}$ になることがわかります．このことは，☑**注** としてここに示したことからわかります(あとで)．

164　第9章　複素関数論

準備：主値積分 $\mathcal{P}$

$$\int_{-\infty}^{\infty} \frac{dx}{x} \quad ?? \tag{30}$$

❶

$\dfrac{1}{x}$ は $x=0$ で発散

$$\mathcal{P}\int_{-\infty}^{\infty} \frac{dx}{x} = \lim_{\varepsilon \to 0}\left(\int_{-\infty}^{-\varepsilon} dx + \int_{\varepsilon}^{\infty} dx\right)\frac{1}{x} \tag{31}$$

　　　　$x=0$ を避ける方法を特定

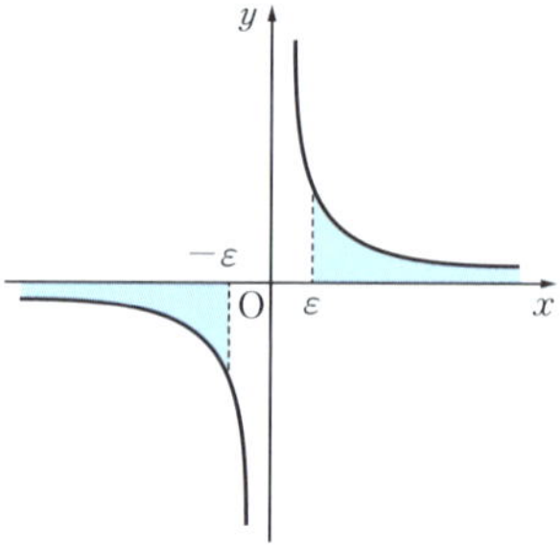

右図より

$$\mathcal{P}\int_{-\infty}^{\infty} \frac{dx}{x} = 0 \tag{32}$$

式(29)に戻り，I の代わりに

❷

$$J = \int_{\Gamma} dz \frac{f(z)}{z - x_0} \tag{33}$$

❸

$$= \int_{\Gamma} \tag{34}$$

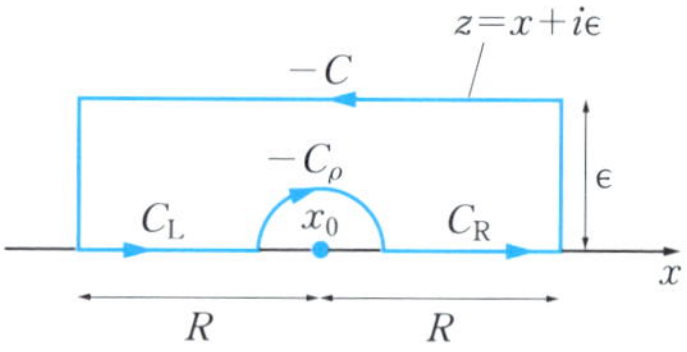

を考える．経路 Γ は右図．C_ρ は反時計まわり

❹

$f(z)$ は Γ 内にポールをもたないとする

❺

$$\implies J = 0 \tag{35}$$

❻

被積分関数は $z = x_0$ にポール．これは Γ 内にはないことに注意

レクチャー

---

❶　さて計算を始める前に，またすこし準備します．主値積分という概念を説明しておきます．たとえば式(30)の $\dfrac{1}{x}$ の積分，このままでは計算できませんね．このような発散点を含む積分に対して主値積分を定義します．

発散点を避ける方法を式(31)のように指定するのです. "このように避ける"と決めておけば, 発散点を含む積分も "well-defined" となります. すなわち "きちんと定義できる" のです.

❷ さていよいよ, 問題の実積分 I(式(29))を計算します. 例によって x を z に書きかえて, 複素平面上のヘンテコな経路をもってきて複素積分 J を考えます(式(33)). 以下では式(34)のような, 被積分関数を省略したシンボリックな記号も使います.

❸ ここで考える経路 Γ は図のような形をしています. 例によって R は無限大に, そして ϵ は 0 にもっていきます. ここでこの ϵ は, 式(31)やその右側の図に出てくる ε とは字体が異なることに注意してください. 違う量です.

❹ ただし被積分関数の発散点 x_0 のまわりを反時計まわりに半径 ρ でまわる積分経路を C_ρ としました(以下では, この ρ についても無限小の極限を考えます). 積分経路 Γ の中ではこれと逆まわりの積分が出てくるので, それを $-C_\rho$ で表しました. 逆まわりの積分ともとの積分とは符号が反転するからです.

❺ なお, 以下の計算では f が経路 Γ 内にポールをもたないとします. 以下の議論は, この条件のもとに成立します.

❻ この条件下では, 複素積分 J の値は 0 となります(式(35)). なぜなら, この経路は被積分関数の唯一の特異点である $z = x_0$ を避けている経路だからです(この点のまわりでは時計まわりに小さな円の経路 $-C_\rho$ で通過して, この点を避けていることに注意).

166　第9章　複素関数論

式(34)と(35)から

$$\int_\Gamma = -\int_C + \int_{\llcorner \lrcorner} + \int_{C_{\mathrm L}} + \int_{C_{\mathrm R}} - \int_{C_\rho} = 0 \tag{36}$$

❶

$$\underset{\substack{\parallel \boxed{1} \\ -I}}{} \quad \underset{\substack{\overline{\parallel} \boxed{2} \\ 0}}{}$$

$$\boxed{1}:\int_C \longrightarrow \int_{-\infty}^\infty \frac{f(x+i\epsilon)}{x+i\epsilon-x_0}\,dx \xrightarrow{\ \epsilon\to 0\ } I \tag{37}$$

$$\underset{C\ \text{上で},\ z=x+i\epsilon,\ R\to\infty}{}$$

$$\boxed{2}:\int_{\llcorner \lrcorner} \xrightarrow{\ \epsilon\to 0\ } 0 \qquad (\because\ \text{積分経路の長さ}\to 0) \tag{38}$$

$$\therefore I = \underset{\substack{\Downarrow \boxed{3} \\ \text{主値積分}}}{\int_{C_{\mathrm L}} + \int_{C_{\mathrm R}}} - \underset{\substack{\overline{\parallel}\boxed{4}(\text{あとで}) \\ i\pi f(x_0)}}{\int_{C_\rho}} \tag{39}$$

$\boxed{3}$：主値積分 $\mathcal{P}$

$$\int_{C_{\mathrm L}} + \int_{C_{\mathrm R}} \xrightarrow{\ R\to\infty\ } \lim_{\rho\to 0}\left(\int_{-\infty}^{x_0-\rho}dx + \int_{x_0+\rho}^\infty dx\right)\frac{f(x)}{x-x_0}$$

❷

$$\underset{C_{\mathrm L} \text{と} C_{\mathrm R} \text{上で} z=x}{}$$

右辺を主値積分 $\displaystyle \mathcal{P}\int_{-\infty}^\infty \frac{f(x)}{x-x_0}\,dx$ の定義とする

$$\therefore \int_{C_{\mathrm L}} + \int_{C_{\mathrm R}} \longrightarrow \mathcal{P}\int_{-\infty}^\infty \frac{f(x)}{x-x_0}\,dx \tag{40}$$

❶　シンボリックな記号を使うと，式(36)のように書けます．この式の値は
0で，第1項が，求めたい実積分 I にマイナス符号をつけたものになって
います．このことはすぐ下で説明しています(式(37))．また第2項は0で
す．これもすぐ下に説明していますが，要は積分経路の長さが無限小だか
らです(式(38))．以上のことから実積分 I は，式(39)右辺の第3項が計算
できれば，求められることになります．

したがって，式(39)より
$$\therefore I = \mathcal{P}\int_{-\infty}^{\infty} \frac{f(x)}{x-x_0} dx - i\pi f(x_0) \tag{41}$$

式(39) **4** の説明

経路 $C_\rho : z = x_0 + \rho e^{i\theta}, \ dz = \rho i e^{i\theta} d\theta$

$$\int_{C_\rho} dz \frac{f(z)}{z-x_0}$$

$$= \int_0^\pi d\theta \frac{\rho i e^{i\theta}}{\rho e^{i\theta}} f(x_0 + \rho e^{i\theta}) \tag{42}$$

$$= \int_0^\pi d\theta\, i \left\{ f(x_0) + f'(x_0)\rho e^{i\theta} + \frac{f''(x_0)}{2!}(\rho e^{i\theta})^2 + \cdots \right\}$$

$$\xrightarrow{\rho \to 0} i\pi f(x_0) \tag{43}$$

❸

❹

レクチャー

❷ 第1項と第2項は，R が無限大の極限では主値積分になっていることがわかります(式(40))．

❸ 第3項はあとで示すように，$i\pi f(x_0)$ になります．この結果を使うと，I は式(41)の右辺のように書き表されることがわかりました．

❹ 残りの小さな半円 C_ρ についての積分を計算しましょう．この円上では，z はここに書いたように表せるので，θ に関する 0 から π までの積分として表せます(式(42))．さらに半径 ρ が 0 の極限を考えると，残るのは f の展開の第1項だけですが，この項は θ によらないので直ちに積分が実行できます(式(43))．

これまでのまとめ(以下, $\epsilon \to \varepsilon$) ❶

$$\int_{-\infty}^{\infty} dx \frac{f(x)}{x-x_0+i\varepsilon} = \mathcal{P}\int_{-\infty}^{\infty} dx \frac{f(x)}{x-x_0} - i\pi f(x_0) \quad (44)$$

ここで

$$f(x_0) = \int_{-\infty}^{\infty} dx\, f(x)\, \underline{\delta(x-x_0)} \quad (45)$$
ディラックのデルタ関数(超関数)

☑**注** クロネッカーのデルタ $\sum_i f_i \delta_{ik} = f_k$ 参照

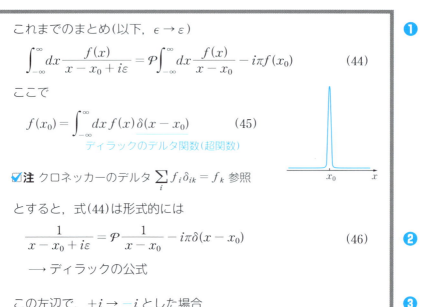

とすると，式(44)は形式的には

$$\frac{1}{x-x_0+i\varepsilon} = \mathcal{P}\frac{1}{x-x_0} - i\pi\delta(x-x_0) \quad (46)$$ ❷

→ ディラックの公式

この左辺で，$+i \to -i$ とした場合 ❸

$$\frac{1}{x-x_0-i\varepsilon} = \mathcal{P}\frac{1}{x-x_0} + i\pi\delta(x-x_0) \quad (47)$$

❶ いままでの結果をまとめると，式(44)のようになります．ここでディラックのデルタ関数を式(45)で定義します．積分区間が x_0 を含みさえすれば，f の $x = x_0$ での値が取り出せます．この関数は積分記号の中でだけ意味をもつ関数で**超関数**ともよばれ，イメージとしては，ここに描いたように $x = x_0$ のところにだけ値をもち，それ以外は 0 になっています．またディラックのデルタ関数は，クロネッカーのデルタの添え字を連続変数にして，和を積分に置き換えたものと考えることもできます．くわしくはフーリエ変換についての 11.3 節の中の 200 ページで扱います．

❷ このデルタ関数を使って式(44)の積分記号を落として，式(46)のように略記することがあります．$x = x_0$ を含む区間での x 積分の中で意味をもつシンボリックな表式ですが，記憶に残りやすい形ですね．

HW6 下図の経路 Γ' に対し $\int_{\Gamma'} dz \dfrac{f(z)}{z-x_0}$ を計算し，式(47)を導け ❹

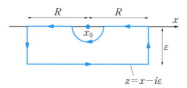

☑**注** $\theta(t) = \dfrac{1}{2\pi i} \lim_{\varepsilon \to 0} \int_{-\infty}^{\infty} \dfrac{e^{ixt}}{x-i\varepsilon} dx$ において，$t=0$ とおく ❺

$$\theta(0) = \dfrac{1}{2\pi i} \lim_{\varepsilon \to 0} \int_{-\infty}^{\infty} \dfrac{1}{x-i\varepsilon} dx \tag{48}$$

一方，式(47)より

$$\dfrac{1}{x-i\varepsilon} = \mathcal{P}\dfrac{1}{x} + i\pi\delta(x) \tag{49}$$

が成立

$$\therefore \theta(0) = \dfrac{1}{2\pi i}\left(\underbrace{\mathcal{P}\int_{-\infty}^{\infty}\dfrac{dx}{x}}_{\parallel \atop 0\,(\because 式(32))} + \underbrace{i\pi\int_{-\infty}^{\infty}\delta(x)\,dx}_{\parallel \atop 1}\right)$$

$$= \dfrac{1}{2\pi i} \cdot i\pi = \dfrac{1}{2} \tag{50}$$

❸　ところで，$i\varepsilon$ の前の符号を変えると，$i\pi$ の前の符号が変わります(式(47))．

❹　**HW6** で，いままでの長い計算の復習として，この符号が入れかわった場合の公式(47)の証明を，図の経路を使っておこなってみてください．

❺　ところでこの公式(47)を使うと，すでに出てきたステップ関数の積分による定義式(27)で $t=0$ での値を知ることができます．この定義式で $t=0$ とおくと，式(48)が出ます．一方，上で示したシンボリックな式(47)で $x_0 = 0$ とすれば式(49)となります．これを用いれば，ステップ関数は $t=0$ で $\dfrac{1}{2}$ であることがわかります(式(50))．

9.7.5 多価関数を含む場合

$$I = \int_0^\infty \frac{x^{p-1}}{1+x} dx \qquad (51)$$

ただし

$$0 < p < 1 \qquad (52)$$

$$\longrightarrow \quad -1 < p-1 < 0$$

I に対して次の複素積分を考える

$$J = \oint_C \frac{z^{p-1}}{1+z} dz \qquad (53)$$

↑ $z^{p-1}(p-1<0)$ は多価関数

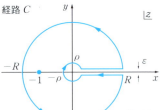

経路 C

$\begin{pmatrix} R \to \infty \\ \rho \to 0 \end{pmatrix}$

準備：多価関数の復習

例 $(-1)^{\frac{1}{3}} = \{e^{(2n+1)\pi i}\}^{\frac{1}{3}} \longrightarrow$ 相異なる3つの値(図1)

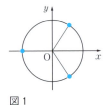

図1

主値をとる
(あとで)

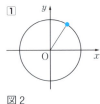

図2

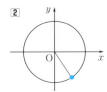

9.7 留数定理による定積分の計算　　171

❶　いよいよ複素関数の最後の例題に取り組みましょう．かなり高度になってきましたが，ここまで理解できたら，数学がわからないという理由で"物理学が理解できない"ということはないでしょう．

❷　式(51)で，p の範囲が式(52)のように限定される理由はあとでわかります．

❸　この実軸上の半無限区間での積分 I（式(51)）を複素積分で計算するために，図に示した経路 C についての複素積分 J を考えます．これまでの"お約束"がふんだんに使われています．大円の半径は無限大，小円の半径は無限小，平行な経路の間隔も無限小という"お約束"に注意しましょう．

　"どうしたらこんな経路が思いつくんだ！"というため息もきこえてきそうですが，慣れてくれば，それほどでもないことがわかると思います．またこのような"定石"はおそらく，数学者が研究として取り組んでできてきたものだと思います．しっかり理解したあとでは皆さんだって，研究だと思って長い時間取り組めば"このくらいは見つけられそう"と思うはずですよ．

❹　その前に，複素関数のべき関数が多価関数であることを復習します．まずは -1 の $\frac{1}{3}$ 乗について考えてみましょう．これが3つの異なる値をもつことはおぼえていると思います．ところが，これから復習するように，主値を選ぶことで 1 や 2 のように唯一の値にしてしまうことができます．

例 $z^{\frac{1}{3}}$

$$z = re^{i\theta} \longrightarrow z^{\frac{1}{3}} = r^{\frac{1}{3}} e^{\frac{i}{3}\theta} \equiv r' e^{i\theta'}$$

θ は，次のどちらかの方法で主値をとる

1. $0 \leq \theta < 2\pi \longrightarrow 0 \leq \theta' < \dfrac{2}{3}\pi$

2. $-\pi \leq \theta < \pi \longrightarrow -\dfrac{\pi}{3} \leq \theta' < \dfrac{\pi}{3}$

1.の場合

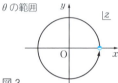
図 3

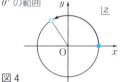
図 4

$\theta = 0$ と 2π の近傍では，θ をすこし変えると $z^{\frac{1}{3}}$ の値がジャンプ

　　　$\longrightarrow$ 微分できない $\longrightarrow$ 非正則

2.の場合

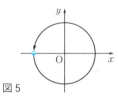
図 5

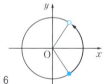
図 6

注 前の $(-1)^{\frac{1}{3}}$ の **例** に戻ると，上の図 3, 4 と図 5, 6 が図 2 の 1., 2.に対応

式(53)に戻ると，z^{p-1} は，図 3 の 1.のように主値をとると

$(e^{i\theta})^p_{\theta=0} = 1$

$(e^{i\theta})^p_{\theta=2\pi} = e^{2\pi pi} \to e^{i\pi} = -1$

　　　　　　　　└── もし $p = 1/2$ なら

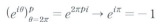
図 7

9.7 留数定理による定積分の計算　　173

❶　主値について説明するために，z の $\frac{1}{3}$ 乗を考えてみましょう．この関数も 3 価関数でした．ただ"主値をとるという操作で 1 価関数にできる"と前に話をしました．そのときはあまりピンとこなかったかもしれませんが，いまその知識が役に立ちます．

❷　主値をとるためには"ぐるっと 1 周分"の角度を選びとりますが，このやり方に，ここに示した 2 通りを考えてみましょう．❶の場合，$\theta = 0$ の点は，この関数によって ● へマップされますが，$\theta = 2\pi$ の点は ○ へマップされます．つまり θ の関数としては，この点は近づき方によって値がジャンプしてしまうので微分不可能です．つまり z 平面の x 軸の正の部分には特異点が"稠密に"並んでいるのです．このような特異点が集まってできた直線部分を切断線あるいはブランチカットとよびます．同様に考えると❷の主値のとり方では，x 軸の負の部分がブランチカットになることがわかると思います．

❸　ここで 例 の $(-1)^{\frac{1}{3}}$ の例に戻ると，以上の図 3，4 の❶と図 5，6 の❷の 2 通りの主値の選び方に応じて，図 2 の❶または❷の値の 1 つが $(-1)^{\frac{1}{3}}$ の値として決まる，ということになります．

❹　以上の考察から，もともとの例題(53)に出てきた z の $(p-1)$ 乗は，1 価関数にするために主値をとるとブランチカットが現れることが推察できると思います．以下では上の図 3 の❶のように主値をとることにします．すると図 7 のように x 軸の正(および原点)の部分がブランチカットとなります．この場合，図 7 の左に書いた例では $\theta = 0$ と 2π のときで，それぞれ値が 1 と $e^{2\pi i p}$ になります．たとえば $p = \frac{1}{2}$ なら，それぞれ 1 と -1 となり，相異なる値となります．実はもうおわかりかもしれませんが，先に出てきた奇妙な積分経路は，このブランチカットを避けるようにしてつくってあったのです．

式(53)に戻って
$$J = \int_C \frac{z^{p-1}}{1+z} dz \equiv \int_C \qquad (54)$$
を考える

被積分関数は $z = -1$ にポール

z^{p-1} は $\theta = 0, 2\pi$ がブランチカット

それ以外は正則

→ 留数定理より

$$J = 2\pi i R(z = -1) \qquad (55)$$

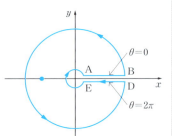

式(54)で

$$J = \int_C$$
$$= \int_{\substack{B \\ D}} + \int_{\substack{A \\ E}} + \int_{A \to B} + \int_{E \to D} \qquad (56)$$

$z = re^{i\theta}$ と書くと，第1項の経路は $z = Re^{i\theta}$，第2項の経路は $z = \rho e^{i\theta}$．この2項ともに次式で表す（$r = R$ または $r = \rho$）

$$\int_C \frac{r^{p-1}e^{i(p-1)\theta}}{1+re^{i\theta}} rie^{i\theta} d\theta = i\int_0^{2\pi} \frac{r^p e^{ip\theta}}{1+re^{i\theta}} d\theta \equiv i\int_0^{2\pi} g(\theta) d\theta \qquad (57)$$

式(56)第1項 $\int_{\substack{B \\ D}}$ において，$r = R \to \infty$ より

$$|g(z)| \longrightarrow \frac{R^p}{R} = R^{p-1} \longrightarrow 0 \qquad (58)$$
$$\qquad\qquad\qquad\qquad p-1 < 0$$

式(56)第2項 $\int_{\substack{A \\ E}}$ において，$r = \rho \to 0$ より

$$|g(z)| \longrightarrow r^p = \rho^p \xrightarrow{\rho \to 0} 0 \qquad (59)$$
$$\qquad\qquad\qquad\qquad p > 0$$

つまり，条件 $0 < p < 1$ より

$$\int_{\substack{B \\ D}} = 0, \quad \int_{\substack{A \\ E}} = 0 \qquad (60)$$

❶ さて，もともとの問題に戻ります．J の被積分関数は $z = -1$ にポールをもちます．また分母は x 軸上の正の領域で非正則です．でもそれ以外では正則です．ですから，この奇妙な閉じた経路の内部での積分は留数定理によって求められ(式(55))，$z = -1$ にあるポールでの留数がわかればいいわけです．あとは J という複素積分が，もとの実積分 I とどのような関係になっているかを理解すれば OK です．

❷ そのために，式(56)に示したように経路を4つに分けて順に見ていきましょう．はじめの2つは大円と小円の経路での積分です．これらを途中まで一緒に計算するために，r が R または ρ であるとして計算を進めます(式(57))．実は例によってこれらの積分は0になるので，これを示すために被積分関数の絶対値を評価します．

❸ $r = R$ のときには，R が無限大の極限でこの大きさが0になることがわかります(式(58))．$p < 1$ という条件(式(52))はこの議論に必要だったので，問題に課されていたのです．

❹ $r = \rho$ のとき，ρ が無限小の極限ではやはり被積分関数の大きさが0になることがわかります(式(59))．この議論に $p > 0$ という条件(式(52))が必要だったのです．

❺ 以上の議論から，問題に課されていた $0 < p < 1$ の条件下では，大円と小円での経路での積分は0であることがわかりました．

176 第9章 複素関数論

式(56)の右辺第3項：$z = re^{i\theta}, \ \theta = 0$ ❶

$$\int_{A \to B} \frac{z^{p-1}}{1+z}\,dz = \int_{\rho}^{\infty} \frac{r^{p-1}}{1+r}\,dr \xrightarrow{\ \rho \to 0\ } I \tag{61}$$

式(56)の右辺第4項：$z = re^{2\pi i}, \ dz = e^{2\pi i}dr$ ❷

$$\int_{E \to D} \frac{z^{p-1}}{1+z}\,dz = \int_{\infty}^{\rho} \frac{r^{p-1}e^{2\pi i(p-1)}}{1+re^{2\pi i}}\,e^{2\pi i}\,dr \xrightarrow{\ \rho \to 0\ } -e^{2\pi ip}I \tag{62}$$

$\underset{\boxed{\text{HW7}}}{\uparrow}$

よって，式(56)は

$$\oint_C = \int_{C\!\!\!\!\!\circlearrowright}{}^{B}_{D} + \int_{C\!\!\!\!\!\circlearrowright}{}^{A}_{E} + \int_{A \to B} + \int_{E \to D} \tag{63}$$

$$\underset{2\pi i R(-1)}{\parallel} \qquad \underset{0}{\parallel} \qquad \underset{I}{\parallel} \qquad \underset{-e^{2\pi ip}I}{\parallel}$$

$$\therefore (1 - e^{2\pi ip})\,I = 2\pi i R(\underline{-1}) \tag{64}$$

$$\longrightarrow \ (1+z)\frac{z^{p-1}}{1+z} \xrightarrow{\ z \to -1 = e^{i\pi}\ } -e^{i\pi p} \tag{65}$$

$$\therefore I = \frac{2\pi i(-e^{i\pi p})}{1 - e^{2\pi ip}} = \frac{\pi}{\sin \pi p} \tag{66}$$

$\underset{\boxed{\text{HW8}}}{\uparrow}$

複素関数のその他のトピックス ❹

- 等角写像 ❺
- 鞍点法 ❻
- コーシー・リーマン条件 $\longrightarrow$ ラプラス方程式 ❼

❶ 残りの2つの平行な直線経路での積分を考えましょう．A から B への直線経路は $\theta = 0$ として計算できます．すると ρ が無限小の極限で，この部分の積分がもともとの実積分 I に一致することがわかりました(式(61))．

9.7 留数定理による定積分の計算　　177

❷　最後の D から E への直線経路での積分ですが，この直線上では $\theta = 2\pi$ にとることができます．したがって，この部分はもともとの実積分 I の定数倍であることがわかりました(式(62))．

❸　さてこれまでの話をまとめると，式(63), (64)を得ます．あとは留数を計算するだけです(式(65))．こうして目的の実積分 I を求めることができました(式(66))．

❹　以上で，この教科書での複素関数論はおしまいです．ただ最後に，さらにアドバンスドな複素関数論について一般的なガイダンスをしておきます．実は複素関数論は，等角写像法や鞍点法という，物理の問題を解くために強力なツールを提供します．

❺　等角写像法は，現代物理では〝共形場理論〟とよばれる素粒子の場の理論の一種に関係し，物性理論にも使われますが，より古くは電磁気学や流体力学の 2 次元問題を解く強力なツールです．コーシー・リーマン条件のところで触れたように，複素関数 $f = u + iv$ は正則であれば，その実部 u も虚部 v もラプラス方程式を満たします(126 ページの式(18), (19))．このため 2 次元のラプラス方程式の境界値問題を解くことに利用できるのです．ラプラス方程式の境界値問題については，第 12 章で偏微分方程式を学ぶときに出てきます．私が研究者として，この等角写像法に大変お世話になったことは 178 ページのコラムに書いた通りです．

❻　鞍点法も，量子力学のアドバンスドで出てくる WKB 近似などで重要になりますが，これは 8.7 節で扱ったスターリングの公式の導出法を一般化したものです．

❼　これらは重要なトピックスではありますが 178 ページのコラムでも書いたように，本書をマスターした皆さんであれば，必要になったらいつでも理解できるはずです．なので，心配無用です．

コラム
解析解を見出したパリでの研究から得た教訓

　私は，お茶の水女子大学に職を得る前，パリのドゥ・ジェンヌ先生と共同研究の機会を得ました．先生は，高分子や液晶に潜む美しくてシンプルな世界を明らかにし〝現代のニュートン〟としてノーベル物理学賞を受賞した偉大な科学者です．ノーベル賞を受賞したあまたの物理学者の中でも，彼ほど広い分野に多大な影響を与えた人物はまれでしょう．パリの研究室でまず取り組んだのは，真珠層という物質の強靱性です．この物質は1ミクロン程度の硬い板が柔らかい接着剤のような層でつなぎ合わされた層状構造をしています．この真珠層は，アワビなどの貝殻の内側や真珠の表面にあって，きらきらと美しく光ります．この物質は美しいだけでなく，実はとても丈夫なのです．

　この問題の研究を進めるうち，〝ある特定の境界条件のもとで2次元のラプラス方程式を解けばよい〟ことがわかりました．当時，私が滞在していたコレージュ・ド・フランスには小さな図書室があり，私はそこで，古めかしく分厚いフランス語の本を見つけました．その本にはラプラス方程式のありとあらゆる境界値問題の解法が記述されていました．

　私は，われわれの必要とする解があるのではないかとの期待をもって，そのフランス語の本と格闘しましたが，われわれの必要とする解はありませんでした．しかし，そうやって本を読みあさっているうちに，私は様々な解法を短期間に習得し，ついに望みの解を導出することに成功しました．

　実際に使った手法は複素関数の等角写像という性質を利用した，シュワルツ・クリストフェル変換を使うものでした．この方法は，境界を複素平面上の多角形に写像して問題を解きます．とくに平行コンデンサーの平行な2枚の板を多角形と見なすというテクニックの応用を考えていくことで望みの問題を解くことができたのです．

　この解は解析解とよばれる，一切の近似を含まない厳密な解です．物理の現実的な問題で解析解が見つかることはそう多くはないこともあり，この研究はその後，このテーマに関するよく知られた論文となっています．

　この解析解発見の体験は，物理の研究を始めるのに，必ずしもたくさんのことを勉強しつくしてからでなくてもいいことを教えてくれました．良質な基礎を深く理解していれば，研究に必要なテクニカルなスキルは，短期間で習得できることを身をもって感じる機会となったのです．

CHAPTER 10

フーリエ級数

さて，これからフーリエ級数に入ります．なめらかな関数を無限個の三角関数の和で書いてしまうことができるという，ちょっと驚きの事実を学びます．次の章で学ぶフーリエ変換とも密接な関係があります．また最後の第13章で直交関数系について学ぶと，フーリエ級数はいろいろな"級数展開"の一例にすぎないことが判明します．

180 第10章 フーリエ級数

10.1 区間($-\pi$, π)で定義されたフーリエ級数 ❶

$f(x)$：$-\pi < x < \pi$ で定義

$$f(x) = \frac{a_0}{2} + \sum_{n=1}^{\infty}(a_n \cos nx + b_n \sin nx) \tag{1}$$

係数 a_n, b_n を求める公式："直交関係"

$$\int_{-\pi}^{\pi} \cos nx \cos mx\, dx = \pi \delta_{nm}$$

$$(n, m = 0, 1, 2, \cdots, \quad n = m = 0 \text{ は除く}) \tag{2}$$

$$\int_{-\pi}^{\pi} \sin nx \sin mx\, dx = \pi \delta_{nm} \qquad (n, m = 1, 2, 3, \cdots) \tag{3}$$

$$\int_{-\pi}^{\pi} \sin nx \cos mx\, dx = 0 \qquad (n, m = 0, 1, 2, \cdots) \tag{4}$$

証明 ❷

$$\cos nx \cos mx = \frac{1}{2}\{\cos(n+m)x + \cos(n-m)x\}$$

式(2)の左辺

$$= \frac{1}{2}\int_{-\pi}^{\pi}\{\cos(n+m)x + \cos(n-m)x\}dx \tag{5}$$

$$= \frac{1}{2}\left[\underline{\frac{1}{n+m}}\sin(n+m)x + \underline{\frac{1}{n-m}}\sin(n-m)x\right]_{-\pi}^{\pi} = 0$$

$\quad\quad\quad\quad\uparrow\!\!\!-\!\!\!-\, n+m \neq 0 \text{とする} \quad\quad \uparrow\!\!\!-\!\!\!-\, n \neq m \text{とする}$

ただし，$n = m$(ただし $n \neq 0$)のときは式(5)は

$$\frac{1}{2}\int_{-\pi}^{\pi}(\cos 2nx + 1)dx = \pi$$

$\quad\quad\quad\quad\uparrow\!\!\!-\!\!\!-\,$ **HW1**

ゆえに，式(2)について

$$\text{左辺} = \begin{cases} \pi & (n = m, \ n \neq 0) \\ 0 & (n \neq m, \ n + m \neq 0) \end{cases}$$

❶ さて，これからフーリエ級数に入ります．関数を無限個の三角関数の和で書いてしまうことができるという話です．まずは，この区間で定義された関数について考えます．すると，ほほどんな関数も，この式(1)の形に書けてしまうのです！ ちょっと信じがたいかもしれませんが，"この形に書ける"と信じて，この形の展開の存在を仮定し，係数 a_n と b_n を求めてみます．これには，三角関数の積の積分の公式(2)〜(4)を使います．n と m には，いろいろ条件がついていますが，これらの式を証明するときに了解されます．

なお，式(1)の n は三角関数を波として見たときの波長の逆数，つまり波数に相当します．ですからフーリエ展開ができるということは，関数がいろいろな波長の波に分解できる，ということを意味します．そして係数 a_n, b_n は，相当する波の振幅を表します．したがって係数 a_n, b_n の大きさは，展開項の中での，その波の相対的重要性を表しています．

公式(2)〜(4)は，三角関数は掛けあわせて積分すると，同じ波数でない限り，つまり，ほとんどの場合は0になってしまうことをいっています．ところで，波数の異なる三角関数をセット(集合，系ともよぶ)として見ることを "三角関数の関数系" を考えるといいますが，この言葉を使うと，上の公式は "三角関数の関数系は直交系をなす" ことを示しています．そして，これらの関係式(2)〜(4)は直交関係とよばれます．理由は第13章で明らかになりますが，"直交関係" という言葉は，これから積極的に使って話を進めます．

❷ 式(2)〜(4)の証明には，高校のときに習った積和の公式を使います．三角関数の波数が0になるところだけ特別扱いが必要になります．これに起因して，n と m の条件が出てきます．同様にして，ほかの2つの公式(3)と(4)も示してください．これらは **HW2** (次ページ)とします．

182　第10章　フーリエ級数

HW2 同様に式(3)と(4)を示せ

係数 a_n, b_n を求める ❶

$$f(x) = \frac{a_0}{2} + a_1 \cos x + a_2 \cos 2x + \cdots$$
$$+ b_1 \sin x + b_2 \sin 2x + \cdots \tag{6}$$

$$\int_{-\pi}^{\pi} f(x)\,dx = \int_{-\pi}^{\pi} \frac{a_0}{2}\,dx = \pi a_0 \tag{7}$$

$$\int_{-\pi}^{\pi} \cos nx\,dx = 0 \ , \quad \int_{-\pi}^{\pi} \sin nx\,dx = 0$$

式(2)で $m=0$　　　式(4)で $m=0$

$m \geq 1$ のとき

$$\int_{-\pi}^{\pi} f(x)\cos mx\,dx = \int_{-\pi}^{\pi} a_m \cos^2 mx\,dx = \pi a_m \quad (m \geq 1) \tag{8}$$ ❷

式(2)を使って，確めよ(**HW3**)

式(2)–(4)より，$n = m$ のとき以外 0

同様に

$$\int_{-\pi}^{\pi} f(x)\sin mx\,dx = \pi b_m \quad (m \geq 1) \tag{9}$$

HW4

まとめると ❸

$$a_n = \frac{1}{\pi} \int_{-\pi}^{\pi} f(x)\cos nx\,dx \quad (n = 0, 1, 2, \cdots) \tag{10}$$

$$b_n = \frac{1}{\pi} \int_{-\pi}^{\pi} f(x)\sin nx\,dx \quad (n = 1, 2, 3, \cdots) \tag{11}$$

☑**注** 偶関数 $f(x) = f(-x)$ ❹

$$b_n = \frac{1}{\pi} \int_{-\pi}^{\pi} f(x)\sin nx\,dx = 0 \tag{12}$$

even　odd

odd

$$\therefore \ f(x) = \frac{a_0}{2} + \sum_{n=1}^{\infty} a_n \cos nx \tag{13}$$

同様に奇関数は

$$a_n = 0, \quad f(x) = \sum_{n=1}^{\infty} b_n \sin nx \tag{14}$$

　　↑
　　└── $a_0=0$ は，ディリクレ条件と関係（あとで）

❶　さて，いよいよ係数 a_n, b_n を求めてみましょう．これには，直交関係をフルに活用します．ほとんどの場合に 0 を与える，公式(2)～(4)が役立ちます．

　まず式(1)の展開の各項を書き出しておきます(式(6))．この両辺を $-\pi$ から π まで積分すると，右辺は a_0 の項だけが残ります(式(7))．このことは直交関係を使えば，すぐに了解できます．まさにほとんどの場合，0 になってしまうわけです．

❷　同様に cos を掛けて積分すると，$n = m$ のときしか残らないので，a_m が求められます(式(8))．同様に sin を掛ければ b_m が求められます(式(9))．

❸　以上をまとめると，式(10)と(11)のようになります．a_0 は，$n \geq 1$ のときに得た a_n の公式に含めてしまうことができることに注意してください．b_n は，$n = 0$ の項はありません．

❹　偶関数に対しては，sin 関数が奇関数なので，b_n は 0 です(式(12))．したがって式(13)のように，偶関数である cos だけで展開できます．奇関数に対しては同様の議論で $a_n = 0$ となり，奇関数である sin 関数だけで展開できます(式(14))．ただし，$f(x)$ が $x = 0$ で不連続な場合にも，a_0 は 0 となります．これは，あとで出てくるディリクレ条件と関係します．

注 定義域の拡張

$\sin(x + 2\pi) = \sin nx$
$\cos(x + 2\pi) = \cos nx$

より，右図のように

$f(x) = f(x + 2\pi)$ （15）

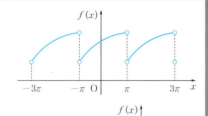

例 ステップ関数

$f(x) = \begin{cases} 0 & (-\pi < x < 0) \\ 1 & (0 < x < \pi) \end{cases}$ （16）

$a_n = \dfrac{1}{\pi}\int_{-\pi}^{\pi} f(x)\cos nx\, dx = \dfrac{1}{\pi}\int_{0}^{\pi}\cos nx\, dx$

<u>$n \neq 0$ のとき</u>

$a_n = 0$ 　　　　　　　　　　　　　　（17）

　　↑ HW5

<u>$n = 0$ のとき</u>

$a_n = \dfrac{1}{\pi}\int_{0}^{\pi} dx = 1$

$\therefore\ a_n = \begin{cases} 1 & n = 0 \\ 0 & \text{others} \end{cases}$

$b_n = \dfrac{1}{\pi}\int_{0}^{\pi}\sin nx\, dx = \begin{cases} \dfrac{2}{n\pi} & n = \text{odd} \\ 0 & n = \text{even} \end{cases}$

　　　　　　↑ HW6

❶ こうして得られた関数 f のフーリエ級数は，三角関数がもつ周期性のため，2π の周期性をもちます(式(15))．

$$\therefore f(x) = \frac{1}{2} + \frac{2}{\pi}\left(\frac{\sin x}{1} + \frac{\sin 3x}{3} + \frac{\sin 5x}{5} + \cdots\right) \quad (18)$$

❹

この関数のグラフ

有限の n で打ち切った場合

❷ さて，フーリエ級数の例を見てみましょう．式(16)で与えられるようなステップ関数を考えます．

❸ まず a_n を，先に導出した公式で求めます．$n=0$ 以外では 0 になりますね(式(17))．次に b_n も，先の公式から求めることができます．HW5 と HW6 でチェックしてください．

❹ 得られた結果をまとめて書いてみると，式(18)となります．ちょっと信じがたいかもしれませんが，無限まで足し上げたものは，もとの関数に収束します．有限の n で打ち切ると波がすこし残りますが，n を大きくしていくとだんだん波の形が消えて，直線に収束していきます．Mathematica や Python などを使えば，この様子を確めることも簡単です．

10.2 ディリクレの定理

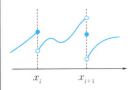

"区分的になめらか"
　分割 ⟶ 各区間内ではなめらかなとき
　端点ではジャンプをしていてもよい

ディリクレの定理
　区分的になめらかな関数 $f(x)$ のフーリエ級数は，$f(x)$ の不連続点を除き $f(x)$ に一様収束する．不連続点 $x = x_i$ では，左極限と右極限の平均値

$$\frac{1}{2}\{\underbrace{f(x_i - 0)}_{\text{左極限}} + \underbrace{f(x_i + 0)}_{\text{右極限}}\}$$

に収束する

10.3 複素フーリエ級数

$$f(x) = \sum_{n=-\infty}^{\infty} c_n e^{inx} \tag{1}$$

係数 c_n を求める公式 ("直交関係")

$$\int_{-\pi}^{\pi} e^{-imx} e^{inx} dx = 2\pi \delta_{nm} \tag{2}$$

　　　　↑ **HW1**

式(1)の両辺に e^{-imx} を掛け，$-\pi$ から π まで x で積分

$$c_n = \frac{1}{2\pi} \int_{-\pi}^{\pi} f(x) e^{-inx} dx \tag{3}$$

　　↑ **HW2**

☑**注** $f(x)$ は実関数，a_n と b_n は実数，c_n は複素数

HW3 公式(3)を用いて，$c_{-n} = c_n{}^*$ を示せ

10.3 複素フーリエ級数   *187*

❶ ここで，先に言葉だけは出しておいた**ディリクレの定理**を紹介します．準備として，**区分的になめらか**という言葉を説明します．この図に描いたような状況であれば"区分的になめらか"です．端点ではジャンプしていてもいいですが，各区分内ではなめらかになっていればOKです．

❷ さて，この定理を確認してみましょう．ここで，+0は大きいほうから近づく右極限，−0は左極限を表します．この定理については，あとで実例によって例証します．なお，183ページの式(14)で述べた奇関数のフーリエ展開で，$f(x)$ が $x=0$ で不連続だったとしても，$a_0 = 0$ となるのは，この定理に基づきます．

❸ 次に，**複素フーリエ級数**です．実関数を式(1)のように，複素数値をとる"指数関数の系(セット，集合)"の和として展開します．この指数関数はI巻の40ページのオイラーの公式(1) ($e^{i\theta} = \cos\theta + i\sin\theta$) からわかるように，sinとcosの和になっているので，この展開も基本的にいろいろな波数の波への分解です．

❹ この展開の存在も認め，係数 c_n を求めます．これには，公式(2)を使います．この公式も"指数関数の関数系"に対する"直交関係"です(証明は HW1 とします)．さて10.1節で a_n, b_n を求めたときと同じように，今度はこの"直交関係"(2)を使って，係数 c_n を求めることができます(式(3))．これは HW2 でチェックしてください．

❺ ここであらためて注意しておくと，もとの関数 f は実関数です．これに対応して，係数 c_n は複素数となります．添え字が負の場合の係数 c_{-n} は，n が正の場合の c_n の複素共役になっています．これは式(3)の複素共役をとるとわかるので確めてください(HW3 とします)．

188 第 10 章 フーリエ級数

☑**注** "実" フーリエ級数の係数 a_n, b_n との関係 ❶

$$\sin nx = \frac{e^{inx} - e^{-inx}}{2i}, \quad \cos nx = \frac{e^{inx} + e^{-inx}}{2} \tag{4}$$

180 ページの式 (1) に代入

$$
\begin{aligned}
f(x) &= \frac{a_0}{2} + \sum_{n=1}^{\infty} a_n \frac{e^{inx} + e^{-inx}}{2} + \sum_{n=1}^{\infty} b_n \frac{e^{inx} - e^{-inx}}{2i} \\
&= \underbrace{\frac{a_0}{2}}_{=c_0} + \sum_{n=1}^{\infty} \left(\underbrace{\frac{a_n - ib_n}{2}}_{=c_n} e^{inx} + \underbrace{\frac{a_n + ib_n}{2}}_{=c_{-n}} e^{-inx} \right) \\
&= \sum_{n=-\infty}^{\infty} c_n e^{inx}
\end{aligned}
\tag{5}
$$

$$\longrightarrow \quad c_0 = \frac{a_0}{2}, \quad c_n{}^* = c_{-n}$$

10.4 （−*π*, *π*）以外の区間のフーリエ級数 ❷

180 ページの式 (1) で $y = \dfrac{l}{\pi} x$ とおく $\longrightarrow -l < y < l$

$$\widetilde{f}(y) = \frac{a_0}{2} + \sum_{n=1}^{\infty} \left(a_n \cos \frac{n\pi}{l} y + b_n \sin \frac{n\pi}{l} y \right)$$

182 ページの式 (10) より

$$a_n = \frac{1}{\pi} \int_{-l}^{l} \underbrace{\left(\frac{\pi}{l} dy \right)}_{dx} \widetilde{f}(y) \cos \frac{n\pi}{l} y$$

このようにして

$$a_n = \frac{1}{l} \int_{-l}^{l} \widetilde{f}(y) \cos \frac{n\pi}{l} y\, dy, \quad b_n = \frac{1}{l} \int_{-l}^{l} \widetilde{f}(y) \sin \frac{n\pi}{l} y\, dy \tag{1}$$

複素版

$$f(y) = \sum_{n=-\infty}^{\infty} c_n e^{i\frac{n\pi}{l}y}$$

$$c_n = \frac{1}{2l} \int_{-l}^{l} dy\, f(y) e^{-i\frac{n\pi}{l}y}$$

↑ HW1

3

❶ 上の公式を"直交関係"を使わずに示すこともできます．これには sin と cos に関する公式(4)を f の a_n, b_n を使った 180 ページの展開式(1)に代入してみるとわかります．式(5)のように見なしてやればよいことがわかります．たしかに c_n の添え字が負のとき，正のときの関係も再生されますね．さらに 182 ページの a_n, b_n の公式(10)と(11)を使って，186 ページの c_n の公式(3)を出すこともできるので，チェックしてみてください．

❷ 今度は，関数 f の区間を $-l < y < l$ に変更してみます．フーリエ係数の公式がすこし変わるだけになること(式(1))を自分で確認してください．

❸ 複素版も同様に区間を変更できます．上と同様に確めてみてください．

190　第10章　フーリエ級数

10.5　多変数への拡張　❶

$f(x, y) \rightarrow f(x_1, x_2), \quad -l < x_1, x_2 < l$

$$f(x_1, x_2) = \sum_{n_1=-\infty}^{\infty} \sum_{n_2=-\infty}^{\infty} c_{n_1 n_2} e^{ik_1 x_1 + ik_2 x_2} \tag{1}$$

$k_1 = \pi n_1 / l, \quad k_2 = \pi n_2 / l$

$$c_{n_1 n_2} = \int_{-l}^{l} \frac{dx_1}{2l} \int_{-l}^{l} \frac{dx_2}{2l} f(x_1, x_2) e^{-ik_1 x_1 - ik_2 x_2} \tag{2}$$

HW1

ヒント　式(1)の両辺に $\int_{-l}^{l} dx_1 \int_{-l}^{l} dx_2 e^{-ik_1' x_1 - ik_2' x_2}$ を作用.
ただし，$k_i' = m_i \pi / l$

☑注　$(k_1, k_2) \rightarrow \boldsymbol{k}, \quad (x_1, x_2) \rightarrow \boldsymbol{x}, \quad -l < x_1, x_2 < l$　❷

$\displaystyle \int dx_1 \int dx_2 \rightarrow \iint d^2 \boldsymbol{x}, \quad \sum_{k_1} \sum_{k_2} \rightarrow \sum_{k}$ とすると

$$f(\boldsymbol{x}) = \sum_k c_k e^{ik \cdot x}, \quad c_k = \iint \frac{d^2 \boldsymbol{x}}{(2l)^2} f(\boldsymbol{x}) e^{-ik \cdot x}$$

☑注　3変数

$\displaystyle \int dx_1 \int dx_2 \int dx_3 \rightarrow \iiint d^3 \boldsymbol{x}, \quad e^{-ik_1 x_1 - ik_2 x_2 - ik_3 x_3} \rightarrow e^{-ik \cdot x},$

$\displaystyle \sum_{k_1} \sum_{k_2} \sum_{k_3} \rightarrow \sum_k$ とすると($-l < x_1, x_2, x_3 < l$)

$$f(\boldsymbol{x}) = \sum_k c_k e^{ik \cdot x}, \quad c_k = \iiint \frac{d^3 \boldsymbol{x}}{(2l)^3} f(\boldsymbol{x}) e^{-ik \cdot x}$$

レクチャー

❶　多変数への拡張もできます．2変数の場合を考えましょう．ここでは，変数 x_1 に関する指数関数系の直交関係と，変数 x_2 に関するそれを使うことで，同様に係数が導出できます(式(2))．HW1 で確めてください．

10.6 パーセバルの等式

$$\frac{1}{2\pi}\int_{-\pi}^{\pi}|f(x)|^2 dx = \sum_{n=-\infty}^{\infty}|c_n|^2$$

証明

$$\text{左辺} = \frac{1}{2\pi}\int_{-\pi}^{\pi}dx\sum_n c_n e^{inx}\sum_m c_m{}^* e^{-imx}$$

$$\quad\quad f(x)=\sum_n c_n e^{inx},\ f(x)^* = \sum_m c_m{}^* e^{-imx}$$

$$= \frac{1}{2\pi}\sum_{n,m} c_n c_m{}^* \underbrace{\int_{-\pi}^{\pi}dx\, e^{i(n-m)x}}_{=2\pi\delta_{nm}}$$

$$= \sum_n c_n c_n{}^* = \text{右辺}$$

❷ 2変数の場合，このようにベクトル表記も可能です．こうすると，3次元以上への拡張も容易です．

❸ 1変数の場合に戻って，ここに示した<u>パーセバルの等式</u>を証明します．アドバンストの統計力学，あるいは非平衡系の問題として，ブラウン運動の解析をするときなどにも現れます．

❹ 証明のため，左辺の絶対値を定義に従って書き出すのですが，このとき2つある和記号の添え字を，必ず違うものにしてください．ここでは n と m にとりました．そうしないと区別がつかなくなってしまいますので．この点は，これからこのような2重の和や積分を取り扱うときにくり返し出てくる，とても重要なポイントですので，ここではっきり意識してください．あとは直交関係を使って計算すれば，等式の右辺が出てきて証明が終わります．

CHAPTER 11

積 分 変 換

さてこれから，フーリエ級数とも関係の深い積分変換に入ります．積分変換とはとても一般的な概念で，もとの関数 f に何か（ここでは T）を掛けて積分することで，新しい変数の関数 F に "積分変換" します．そして新しい変数の関数 F について解くことで，問題をより容易に解くことを目指します．

$$f(t) \longrightarrow F(p)$$
$$F(p) = \int_a^b f(t)\,T(p,t)\,dt$$

T の選び方に対応して，いくつもの "積分変換" がありますが，ここでは代表的な，ラプラス変換とフーリエ変換について扱います．

194   第11章 積分変換

11.1 ラプラス変換

❶

$$L(f) \equiv \int_0^\infty f(t)\,e^{-pt}\,dt = F(p) \qquad \longleftarrow \text{ ラプラス変換} \qquad (1)$$

❷

公式1：$f(t) = 1 \longrightarrow F(p) = \dfrac{1}{p}$

❸

$$\because \ F(p) = \int_0^\infty 1 \cdot e^{-pt}\,dt = \left[-\frac{1}{p}\,e^{-pt}\right]_0^\infty = \frac{1}{p}$$

$$\underset{\longleftarrow\ \operatorname{Re} p > 0 : 収束条件}{}$$

公式2：$f(t) = e^{-at} \longrightarrow F(p) = \dfrac{1}{p+a}$ 　　　　　　(2)

❹

$$\underset{\text{HW1}. \ \text{ただし } \operatorname{Re}(p+a) > 0}{\longleftarrow}$$

$$\text{ヒント} \quad F(p) = \int_0^\infty dt\, e^{-at} e^{-pt}$$

一般の $f(t), g(t)$ に対して以下が成立

❺

公式3：$L(f + g) = L(f) + L(g)$

$$\because \ 左辺 = \int_0^\infty \{f(t) + g(t)\} e^{-pt} dt$$

$$= \int_0^\infty f(t) e^{-pt} dt + \int_0^\infty g(t) e^{-pt} dt = 右辺$$

公式4：$L(cf) = cL(f)$ 　　　（c は t によらない定数）

$$\because \ 左辺 = \int_0^\infty cf(t) e^{-pt} dt$$

$$= c \int_0^\infty f(t) e^{-pt} dt = 右辺$$

☑**注** 積分変換は線形演算子

公式5-1：$f(t) = \cos at \longrightarrow F(p) = \dfrac{p}{p^2 + a^2}$

❻

公式5-2：$f(t) = \sin at \longrightarrow F(p) = \dfrac{a}{p^2 + a^2}$

ただし，$\operatorname{Re} p > |\operatorname{Im} a|$

証明 $f(t) = e^{iat} = \cos at + i\sin at$ とすると

$$F(p) = \frac{1}{p - ia} = \frac{p + ia}{p^2 + a^2}$$

$\quad\quad\quad$ └── 公式 2 ; $\mathrm{Re}(p - ia) > 0 \longrightarrow \mathrm{Re}\,p > -\mathrm{Im}\,a$

$$\therefore \quad \underline{L(\cos at + i\sin at)} = \frac{p + ia}{p^2 + a^2}$$

$\quad\quad\quad\quad\downarrow\quad$ ← 公式 3 , 4

$$L(\cos at) + iL(\sin at) = \frac{p + ia}{p^2 + a^2} \quad (3)$$

$\quad$ "$a \to -a$" $\longrightarrow \downarrow$ $\quad\quad\quad\quad\quad\Bigg\}$ → 公式 5-1, -2

$$L(\cos at) - iL(\sin at) = \frac{p - ia}{p^2 + a^2} \quad (4)$$

$\quad\quad\quad\quad\quad\quad\quad\quad\quad$ └── HW2

❼

❶ まずはラプラス変換から. これは T として, 式(1)中に示したような指数関数をとります. F を $L(f)$ とも書きます.

❷ これから, この定義(1)に従って公式をつくっていきます.

❸ 公式 1 は定義に従って示すことができますね. ただ, ここで積分が収束するためには, $\mathrm{Re}\,p > 0$ という条件が必要になることに注意してください.

❹ 公式 2 も, 定義に従って示してください. その際に必要になる収束条件も確めてください.

❺ 公式 3 , 4 は, ラプラス変換の線形性を示します. ここに示した証明からわかるように, この線形性は積分変換が一般的にもっている性質です.

❻ 公式 5-1, 5-2 をチェックしてみましょう. ここでは, e^{iat} のラプラス変換を利用します. そして, 積分変換の線形性も使います.

❼ HW2 で式(3), (4)を足したり引いたりして, 公式 5-1, 5-2 を確めてください. なお, 式(4)より, $\mathrm{Re}\,p > \mathrm{Im}\,a$ も必要となるので, 収束条件は $\mathrm{Re}\,p > |\mathrm{Im}\,a|$ となります.

公式 6-1：$f(t) = t\sin at \longrightarrow F(p) = \dfrac{2ap}{(p^2+a^2)^2}$　❶

公式 6-2：$f(t) = t\cos at \longrightarrow F(p) = \dfrac{p^2-a^2}{(p^2+a^2)^2}$

HW3 公式 6-1, 6-2 を示せ

ヒント　$\displaystyle\int_0^\infty \cos at\, e^{-pt}\,dt = \frac{p}{p^2+a^2}$ の両辺を a で微分

↑ 公式 5-1

公式 7：$L(\sin at - at\cos at) = \dfrac{2a^3}{(p^2+a^2)^2}$　❷

↑ **HW4**

ヒント　公式 3, 4, 5-2, 6-2 を用いよ

☑**注** いろいろな公式が表になっている　❸

11.2　ラプラス変換による微分方程式の初期値問題　4

公式 8：$L(y') = pL(y) - y(0)$　　(1)　5

証明

$$左辺 = \int y'e^{-pt}\,dt = \underbrace{\Big[ye^{-pt}\Big]_0^\infty}_{=-y(0)} \underbrace{-(-p)\int ye^{-pt}\,dt}_{=pL(y)}$$

❶ 公式 6-1, 6-2 も **HW3** で確めてください．

❷ さらに公式 7 を示しておきましょう（**HW4**）．

❸ このようにして，いろいろな公式をつくることができます．

4 ラプラス変換は，微分方程式の初期値問題を解くことによく使われます．

5 準備として，微分に関するラプラス変換の公式を 2 つ取りあげます．公式 8 と 9 です．部分積分を使って確めてください．

公式9：$L(y'') = p^2 L(y) - p y(0) - y'(0)$

証明　$L(y'') = p L(y') - y'(0)$
└── 式(1)
$ = p\{p L(y) - y(0)\} - y'(0)$
└── 式(1)
$ = p^2 L(y) - p y(0) - y'(0)$

例 $y'' + 4y = \sin 2t$; $y(0) = 10,\quad y'(0) = 0$

$L(y) = Y$ と書き，与えられた微分方程式をラプラス変換する

$$\underbrace{p^2 Y - p \underset{=10}{y(0)} - \underset{=0}{y'(0)}}_{\text{公式9}} + 4Y = \underbrace{\frac{2}{p^2 + 2^2}}_{\text{公式5-2}}$$

$$(p^2 + 4)Y - 10p = \frac{2}{p^2 + 2^2}$$

$$\therefore Y = \frac{10p}{p^2 + 4} + \frac{2}{(p^2 + 4)^2} \tag{2}$$

$$y = 10\cos 2t + \frac{1}{8}(\sin 2t - 2t\cos 2t) \tag{3}$$

└── **HW1**

ヒント　公式 5-1, 7

6　さて **例** は初期値問題の例題で，2 階の線形微分方程式を扱います．物理的には，単振動に，振動する外力が加わっており，強制振動とよばれる問題です．初期条件はここに示したようにとっておきます．

7　この微分方程式を，これまでの公式を使ってラプラス変換します．するとyのラプラス変換Yについて，式(2)のように解くことができます．あとは，この右辺が何のラプラス変換になっているかをいままでに確めた公式を使って調べると式(3)を得ます．

HW2 上の **例** を，ラプラス変換を使わないで解け（⟶ 5.4 節）

11.3 フーリエ変換

複素フーリエ級数

$$f(x) = \sum_{n=-\infty}^{\infty} c_n e^{i\frac{n\pi}{l}x} \tag{1}$$

$$c_n = \frac{1}{2l}\int_{-l}^{l} f(x) e^{-i\frac{n\pi}{l}x} dx \tag{2}$$

式 (2) を (1) に代入

$$f(x) = \frac{1}{2l}\sum_{n=-\infty}^{\infty}\underbrace{\left(\int_{-l}^{l} dy\, f(y) e^{-i\frac{n\pi}{l}y}\right)}_{G(k_n),\ \text{ただし}\ k_n = n\pi/l} e^{i\frac{n\pi}{l}x} \tag{3}$$

$$= \frac{1}{2l}\frac{l}{\pi}\sum_{k_n=-\infty}^{\infty}\underbrace{\frac{\pi}{l}G(k_n)}_{=\ \text{面積}\ A_n}$$

$\sum$(テープの面積)

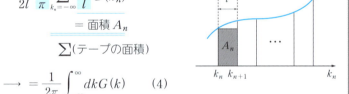

$$\longrightarrow = \frac{1}{2\pi}\int_{-\infty}^{\infty} dk\, G(k) \quad (4)$$

↳ $l \to \infty$，"テープの面積の和" が積分に

$$\therefore f(x) = \frac{1}{2\pi}\int_{-\infty}^{\infty} dk \left(\int_{-\infty}^{\infty} dy\, f(y) e^{-iky}\right) e^{ikx} \tag{5}$$

よって $f(x)$ に対し

$$f(x) = \frac{1}{2\pi}\int_{-\infty}^{\infty} dk\, F(k) e^{ikx} \quad \leftarrow\ \text{フーリエ逆変換} \tag{6}$$

$$F(k) = \int_{-\infty}^{\infty} dx\, f(x) e^{-ikx} \quad \leftarrow\ \text{フーリエ変換} \tag{7}$$

❶ **HW2** として，この初期値問題をラプラス変換を使わないで，前に 5.4 節で習った方法で解いてみてください．けっこう大変だと思います．比較するとよくわかると思いますが，ラプラス変換はこれだけ準備した甲斐あって，はるかに楽に計算できます．

❷ 次にフーリエ変換に入ります．まず，フーリエ級数の公式(1)と(2)を思い起こします．そして，この2式を組み合わせます．このとき，パーセバルの等式(191 ページ)のときに強調した〝2 重の和や積分が出てきたときには文字を区別する″というポイントを踏襲して，式(2)の c_n のほうの積分変数を y にしておきました(式(3))．

❸ ここで，和をとる関数を k_n の関数 G と見なしておきます．この和の意味を図示しました．l が十分大きいとすると，積分の定義が思い起こされますね．ですので，この和を積分に置き換えます(式(4))．

❹ G の定義に従って k の変数で書き直せば，式(5)を得ます．以上より，ここに示した 2 組の式(6)と(7)が得られました．下の式(7)が，f を F に変換する**フーリエ変換**，上の式(6)がその逆変換(**フーリエ逆変換**)になっていることに注意してください．

☑**注** フーリエ変換・逆変換の定義(6)と(7)において

$$e^{\pm ikx} \longrightarrow e^{\mp ikx}, \quad \frac{1}{2\pi} \text{の因子} \longrightarrow \frac{1}{\sqrt{2\pi}} \text{と} \frac{1}{\sqrt{2\pi}}$$

などのこともある．"セット"で使えば，いずれも正しい
$e^{\pm ikx}$ の因子は次の因子などに置き換わることも多い

$\quad e^{\pm ipx}\quad$ 位置 x と波数 p が対応 $\longrightarrow$ x と p は "共役"
$\quad e^{\pm i\omega t}\quad$ 時間 t と角振動数 ω が対応 $\longrightarrow$ t と ω は "共役"

11.3.1　ディラックのデルタ関数

ディラックのデルタ関数 $\delta(x)$

なめらかで特異点がない関数 $f(x)$ に対し

$$\int_{-\infty}^{\infty} dx\, f(x)\delta(x-a) = f(a) \qquad (8)$$

☑**注** クロネッカーのデルタ $\sum_i f_i \delta_{ij} = f_j$ の連続変数版
☑**注** 超関数．積分記号の中でのみ定義できる．$x \ne 0$ では $\delta(x) = 0$

式(7)で $x \to y$，式(6)へ代入

$$f(x) = \int_{-\infty}^{\infty} dy\, f(y) \underbrace{\int_{-\infty}^{\infty} \frac{dk}{2\pi} e^{-ik(y-x)}}_{\delta(y-x) \text{と見なせる}} \qquad (9)$$

$$\longrightarrow \delta(x) = \int_{-\infty}^{\infty} \frac{dk}{2\pi} e^{-ikx}$$

❶　ここで，フーリエ変換と逆変換の定義(式(7)と(6))は一意ではなく，教科書によって異なることがあることを注意しておきます．

　まず指数関数の肩の符号は，フーリエ変換と逆変換で $\pm$ が逆になっていれば OK です．この本ではフーリエ変換のほうを $-$ にとり，逆変換のほうを $+$ にとりましたが，この逆でも OK です．

　同様に $\dfrac{1}{2\pi}$ の因子ですが，この本ではフーリエ逆変換のほうにこの因子をつけ，フーリエ変換のほうには因子はつけませんでした（因子が 1 だった）．しかし，教科書によっては，逆変換のほうの因子が 1 で，フーリエ変換のほうに $\dfrac{1}{2\pi}$ の因子をつけることもあります．また両方に $\dfrac{1}{\sqrt{2\pi}}$ の因子をつけることもあります．要は，掛けあわせて $\dfrac{1}{2\pi}$ になるような因子を掛けておけば OK なのです．

　"OK" というのは，必ずもとの f に戻すので，そのときに "セット" として流儀を決めておけば，途中結果の F はすこし変わるけれども，もとの f に戻したとき，どの流儀でも結果は変わらないということです．その理由は，いままでの導出法をほかの流儀に変えてくり返してみればわかります．気になる人はチェックしてみてください．

❷　上のフーリエ変換・逆変換のセットを利用して，9.7.4 項で説明したデルタ関数の積分による定義が得られます．まず，9.7.4 項で学んだデルタ関数の定義(8)を復習しましょう．

❸　さて，フーリエ変換・逆変換のセットを組み合わせると式(9)が得られます．ここで式(7)の変数を x から y に変えることで，式(9)において 2 つの積分の変数が x と y として区別できるように書いていることに注意してください．すると式(9)の下線を引いた部分のかたまりがディラックのデルタ関数と見なせることがわかります．なぜなら，この部分をデルタ関数に置き換えると，式(9)はデルタ関数の定義(8)と同じになっているからです．

11.3.2 ステップ関数

例 $f(t) = \begin{cases} 0 & (t < 0) \\ e^{-\varepsilon t} & (t > 0) \end{cases} \qquad \varepsilon > 0, \ \varepsilon \to 0$ \hfill (10)

$$F(\omega) = \int_{-\infty}^{\infty} dt\, f(t)\, e^{-i\omega t}$$

$$= \int_{0}^{\infty} dt\, e^{-\varepsilon t - i\omega t}$$

$$= \frac{1}{\varepsilon + i\omega} \hfill (11)$$

注 フーリエ逆変換(6)で,もとに戻すと

$$f(t) = \frac{1}{2\pi} \int_{-\infty}^{\infty} d\omega\, \frac{e^{i\omega t}}{\varepsilon + i\omega} \hfill (12)$$

$\varepsilon \to 0$ とすると $f(t) = \theta(t)$ であることは 9.7.3 項の式(27)で示した.さらに,ディリクレの定理から,$t = 0$ で式(12)は

$$\frac{f(0^+) + f(0^-)}{2} = \frac{1}{2} \quad (13)$$

を与えるはず.このこともすでに主値積分を説明したときに示した.

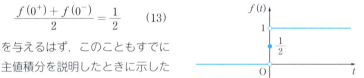

11.3.3 ガウス関数のフーリエ変換

例 $f(x) = e^{-ax^2} \qquad (a > 0)$

$k \to p$

$$F(p) = \int_{-\infty}^{\infty} dx\, e^{-ax^2 - ipx} = e^{-\frac{p^2}{4a}} \underbrace{\int_{-\infty}^{\infty} dx\, e^{-a\left(x + \frac{ip}{2a}\right)^2}}_{= I} \hfill (14)$$

$z = x + \dfrac{ip}{2a}$ とおく

$$I = \int_{-\infty + \frac{ip}{2a}}^{\infty + \frac{ip}{2a}} dz\, e^{-az^2}$$

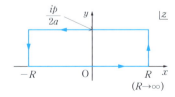

11.3 フーリエ変換　203

シンボリックな書き方を用いる（積分記号の右の $dz\,e^{-az^2}$ を省略）

$$\int_{\square} = 0 \tag{15}$$

⑤

e^{-az^2} は閉路内で正則

また

$$\int_{\uparrow} = \int_{\uparrow} \longrightarrow 0 \tag{16}$$

⑥

$$\left|e^{-a(R+iy)^2}\right| = \left|e^{-a(R^2-y^2)}\right| \underbrace{\left|e^{-i\,aR2y}\right|}_{=1} \xrightarrow{R\to\infty} 0 \tag{17}$$

実数

---

❶　さてフーリエ変換の例題として，関数(10)を考えましょう．簡単に計算できると思います．

❷　この結果(11)をフーリエ逆変換でもとに戻すと，複素積分の 9.7.3 項で扱ったステップ関数の積分による定義が導出されます．

❸　フーリエ変換はフーリエ級数の極限として見ることができるので，ディリクレの定理も成立しています．このことから，このステップ関数の定義では $t=0$ で $\frac{1}{2}$ になることが結論されます（式(13)）．実際にそうなっていることも，複素積分で主値積分が出てくるところ（9.7.4 項）の計算で確めたことを復習してください．

❹　次の　例　は，ガウス関数のフーリエ変換です．このフーリエ変換は，複素積分に持ち込んで計算します．閉じた経路として図の　□　を考えます．もちろん，例によって R は無限大の極限を考えます．

❺　この経路内に被積分関数の特異点はないので，この経路についての積分は 0 です（式(15)）．

❻　一方，左右の上下方向の経路での積分は 0 になること（式(16)）が示せます．例によって被積分関数の大きさを評価してみると，R が無限大の極限で 0 になっているからです（式(17)）．

したがって式(15)は

$$\int_{y=0} + \int_{y=ip/2a} = 0$$

実軸上の積分　　　　 $= -I$

$$\longrightarrow \quad I = \int_{y=0} = \int_{-\infty}^{\infty} dx\, e^{-ax^2} = \sqrt{\frac{\pi}{a}} \tag{18}$$

よって式(14)より

$$F(p) = e^{-\frac{p^2}{4a}} \sqrt{\frac{\pi}{a}} \tag{19}$$

☑ **注** ガウス関数のフーリエ変換はガウス関数

(参考)量子力学の不確定性関係

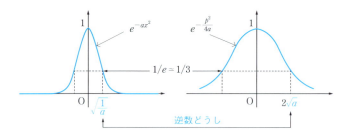

11.3.4　3次元のフーリエ変換

$$F(\boldsymbol{k}) = \iiint d\boldsymbol{r}\, f(\boldsymbol{r})\, e^{-i\boldsymbol{k}\cdot\boldsymbol{r}}$$

$$f(\boldsymbol{r}) = \iiint \frac{d\boldsymbol{k}}{(2\pi)^3} F(\boldsymbol{k})\, e^{i\boldsymbol{k}\cdot\boldsymbol{r}}$$

ただし

$$\boldsymbol{r} = (x_1, x_2, x_3) = (x, y, z), \quad \boldsymbol{k} = (k_1, k_2, k_3)$$

$$\iiint d\boldsymbol{r} = \int_{-\infty}^{\infty} dx \int_{-\infty}^{\infty} dy \int_{-\infty}^{\infty} dz$$

$$\iiint d\boldsymbol{k} = \int dk_1 \int dk_2 \int dk_3$$

$$e^{i\boldsymbol{k}\cdot\boldsymbol{r}} = e^{ik_1 x_1} e^{ik_2 x_2} e^{ik_3 x_3}$$

❶ したがって式(15)は，式(18)となります．

❷ つまり，結局，I は実軸上で計算してよいということになるので，I は単なるガウス積分となるので値は $\sqrt{\dfrac{\pi}{a}}$ となり，F が式(19)のように得られます．この F も新しい変数 p に関するガウス関数になっています．

❸ ところで"ガウス関数の幅"は，指数関数の肩にのった着目変数の2乗の前に掛かっている係数の平方根の逆数で評価できます．なぜなら着目変数がこの値のとき，ガウス関数の大きさがその最大値の $\dfrac{1}{e}$ ($e = 2.718\cdots$) になっているからです．

"ガウス関数の幅"の観点から見ると，変数 x のときの幅と，変数 p のときの幅は互いに(係数を除いて)逆数の関係にあります．これは量子力学の文脈では，不確定性関係に関係します．具体的には，位置 x での波動関数の広がりと，運動量 p の波動関数の広がりが逆数の関係にあることに相当します．波動関数はその絶対値の2乗が，着目している質点の存在確率を表すので，位置 x を正確に決めてしまうと運動量 p は正確に決まらなくなる．そして，その逆もしかり，ということを表しています．

❹ 次に3次元のフーリエ変換を導入します．フーリエ級数の一般化のときと同様におこないます．

例 $f(\boldsymbol{r}) = \left(\dfrac{2}{\pi a^2}\right)^{\frac{3}{4}} e^{-\frac{r^2}{a^2}}$　　$(r^2 = x^2 + y^2 + z^2)$　　(20)

$$F(\boldsymbol{k}) = \iiint d\boldsymbol{r}\, e^{-i\boldsymbol{k}\cdot\boldsymbol{r}} \left(\dfrac{2}{\pi a^2}\right)^{\frac{3}{4}} e^{-\frac{r^2}{a^2}} \quad (21)$$

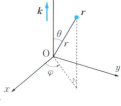

$\boldsymbol{k}$ の方向を z 軸にとり，$(x, y, z) \longrightarrow (r, \theta, \varphi)$

$\quad \boldsymbol{k}\cdot\boldsymbol{r} = kr\cos\theta \quad (|\boldsymbol{k}| = k,\ |\boldsymbol{r}| = r)$

$\quad d\boldsymbol{r} = dxdydz \longrightarrow d\boldsymbol{r} = \underline{r^2 \sin\theta\, drd\theta d\varphi}$
　　　　　　　　　　　　　　└── ヤコビアン

φ の積分は 2π となるから，式(21)は

$$F(\boldsymbol{k}) = 2\pi \left(\dfrac{2}{\pi a^2}\right)^{\frac{3}{4}} \int_0^\infty r^2 dr \int_0^\pi d\theta\, \sin\theta\, e^{-ikr\cos\theta} e^{-\frac{r^2}{a^2}} \quad (22)$$

$$\vdots$$

$$= (2\pi)^{\frac{3}{4}} a^{\frac{3}{2}} e^{-\frac{a^2 k^2}{4}} \quad (23)$$

　　　　　$\underline{k\text{ のガウス関数}}$

式(22)から(23)までの過程

$$\text{式(22)} = 2\pi \left(\dfrac{2}{\pi a^2}\right)^{\frac{3}{4}} \int_0^\infty r^2 dr\, \dfrac{e^{-ikr} - e^{ikr}}{ikr} e^{-\frac{r^2}{a^2}} \quad (24)$$

└── **HW1**　ヒント　$\cos\theta = t$ とおく

式(24) の

$$= \dfrac{1}{ik} \int_0^\infty dr\, r \left(e^{-\frac{r^2}{a^2} - ikr} - e^{-\frac{r^2}{a^2} + ikr} \right)$$

$$\downarrow$$

$$-\dfrac{1}{a^2}\left(r - \dfrac{a^2 ik}{2}\right)^2 - \dfrac{a^2 k^2}{4}$$

$$= \dfrac{e^{-\frac{a^2 k^2}{4}}}{ik} \int_0^\infty dr\, r \left\{ e^{-\frac{1}{a^2}\left(r - \frac{a^2 ik}{2}\right)^2} - e^{-\frac{1}{a^2}\left(r + \frac{a^2 ik}{2}\right)^2} \right\} \quad (25)$$

　　　　　　　└── $\dfrac{1}{2}\displaystyle\int_{-\infty}^\infty dr$　　∵ { } の部分は r の偶関数

式(25)の積分の部分のみを取り出すと

$$\int_{-\infty}^{\infty} dr \left(r - \frac{a^2 ik}{2}\right) e^{-\frac{1}{a^2}\left(r - \frac{a^2 ik}{2}\right)^2} + \frac{a^2 ik}{2} \underbrace{\int_{-\infty}^{\infty} e^{-\frac{1}{a^2}\left(r - \frac{a^2 ik}{2}\right)^2} dr}_{\equiv I}$$

引いて足す

$$- \int_{-\infty}^{\infty} dr \left(r + \frac{a^2 ik}{2}\right) e^{-\frac{1}{a^2}\left(r + \frac{a^2 ik}{2}\right)^2} + \frac{a^2 ik}{2} \underbrace{\int_{-\infty}^{\infty} e^{-\frac{1}{a^2}\left(r + \frac{a^2 ik}{2}\right)^2} dr}_{\equiv I}$$

足して引く

(26)

❻

❶ 例として，3次元のガウス関数(20)を考えます．この関数は水素原子の電子の波動関数のいちばん簡単なものに相当しています．波動関数の意味を考えると，電子は，電子よりずっと重い陽子のある中央付近にいる確率が最も高く，そこから離れるにしたがって存在確率が下がっていくという物理的状況に対応します．

❷ F を求めるための積分は，$\boldsymbol{k}$ ベクトルの向きに z 軸をとった座標系で考えます．そして，この座標系から球座標系に変換して計算します．

❸ ヤコビアンも考慮して計算を進めると，この結果(23)が得られます．

❹ ちょっと大変ですが，余力のある人は，ここに書いた"メモ"を参考に自分でも計算してみてください．

❺ 指数関数の肩を平方完成して計算を進めます．

❻ 1行目で同じ項を引いて足し，2行目で同じ項を足して引きます．

208　第11章　積分変換

式(26)で第1項と第3項はキャンセル．残った第2項と第4項は
11.3.3項の I と同様の計算．ここでも I とおくと，式(25)は

$$\frac{e^{-\frac{a^2k^2}{4}}}{ik} \times \frac{1}{2} \times \frac{a^2ik}{2} \times 2I = \frac{1}{2}\, e^{-\frac{a^2k^2}{4}}\, a^2 \times \sqrt{\pi}\, a$$

I は11.3.3項の結果で $a \to \dfrac{1}{a^2}$

$$= \frac{1}{2}\, a^3 \sqrt{\pi}\ e^{-\frac{a^2k^2}{4}} \tag{27}$$

以上より式(24)から ❷

$$F(\boldsymbol{k}) = 2\pi \left(\frac{2}{\pi a^2}\right)^{\frac{3}{4}} \times \frac{1}{2}\, a^3 \sqrt{\pi}\ e^{-\frac{a^2 k^2}{4}} = \text{式(23)} \tag{28}$$

HW2 式(24)から(28)までを確めよ

11.3.5　パーセバルの等式 ❸

$$\int_{-\infty}^{\infty} |f(x)|^2\, dx = \int \frac{dk}{2\pi}\, |F(k)|^2 \tag{29}$$

HW3

ヒント　フーリエ級数の場合(191ページ)を参考に
また左辺は

$$\int_{-\infty}^{\infty} dx \underbrace{\int_{-\infty}^{\infty} \frac{dk}{2\pi}\, e^{ikx} F(k)}_{=\, f(x)} \underbrace{\int_{-\infty}^{\infty} \frac{dk'}{2\pi}\, e^{-ik'x} F^*(k')}_{=\, f^*(x)}$$

$$\tag{30}$$

と書け，x 積分が $k - k'$ のデルタ関数になっている
ことを利用

---

❶　式(26)の第2項と第4項の積分が残ります．これらは11.3.3項の **例**
の計算にならって計算でき，式(27)を得ます．

11.4 たたみ込み

11.4.1 ラプラス変換のたたみ込み

$h(t), g(t) \longrightarrow H(p), G(p)$

$$G(p)H(p) = \int_0^\infty e^{-p\sigma} g(\sigma) d\sigma \int_0^\infty e^{-p\tau} h(\tau) d\tau \tag{1}$$

❷ これより以下のように式(23)を得ます.

❸ フーリエ級数と同様に,フーリエ変換でもパーセバルの等式が成立します(式(29)).これも,積分変数が2重にあるときには変数の名前がだぶらないようにつけかえる(この場合は,式(30)に見るように k と k' で区別)ということに注意すれば,定義に従い,デルタ関数の性質を使って証明できます.

❹ 次にたたみ込みを説明します.これは積分変換一般に出てくる概念ですが,ここではまず,ラプラス変換を使って説明します.

❺ 2つの関数 h と g を考え,それぞれのラプラス変換 H と G の積について考えていきます.計算を進めていくと,この積をラプラス逆変換してもとに戻したものは,h と g のたたみ込みとよばれる,h と g を掛けて積分したもの(212ページの式(7))になっていることを示せます.この公式は,2つの積のラプラス逆変換をするときに役立ちます.

❻ さて,h と g のラプラス変換 H と G の積を定義に従って書き下します(式(1)).このときにも,積分変数が区別できるように,ここでは σ と τ を使いました.

$$= \int_0^\infty d\tau \int_0^\infty d\sigma\, e^{-p(\sigma+\tau)} g(\sigma) h(\tau) \quad (2)$$

└── 積分記号を前に出し，指数関数を 1 つにまとめた

$$= \int_0^\infty d\tau \int_\tau^\infty dt\, e^{-pt} g(t-\tau) h(\tau) \to \text{図1に対応} \quad (3)$$

└── $\sigma + \tau = t$ において σ から t へ変数変換

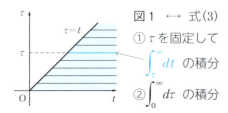

図1 ↔ 式(3)
① τ を固定して $\int_\tau^\infty dt$ の積分
② $\int_0^\infty d\tau$ の積分

$$= \int_0^\infty dt \int_0^t d\tau\, e^{-pt} g(t-\tau) h(\tau) \to \text{図2に対応} \quad (4)$$

└── 図1と図2はどちらも同一の
　　三角形領域 $(0 < \tau < t)$ での積分

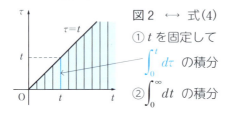

図2 ↔ 式(4)
① t を固定して $\int_0^t d\tau$ の積分
② $\int_0^\infty dt$ の積分

$$= \int_0^\infty dt\, e^{-pt} \underbrace{\int_0^t d\tau\, g(t-\tau) h(\tau)}_{\uparrow\ t\text{の関数}} \quad (5)$$

$$= L\left(\int_0^t d\tau\, g(t-\tau) h(\tau) \right) \equiv L(g * h(t)) \quad (6)$$

❶ ここで積分順序を変えて式(2)のように書くと，まずτを一定にしたうえでσについて積分することになります．それからτを積分します．この積分において，指数関数の肩にのっているσとτの和をtと書き，τが一定のもとに，σからtへの変数変換をします．

❷ すると式(3)になります．この2次元積分を図で表したのが図1です．まずτを一定に保って，tについてτから∞まで積分するということは，たとえばτの一定値が図の破線の値だとすれば，この破線と直線$t=\tau$の交点から∞まで，t軸に平行に微小面積要素を足し上げることになります．この様子を破線の先に延ばした濃い青の水平線で表しています．さらに，このプロセスをτを変えながらおこなうのですから，この2次元積分は$t\tau$平面においてt軸と直線$t=\tau$で囲まれた三角形領域($0<\tau<t$)で足し算をする，ということが明らかになりました．

❸ この領域での積分をtとτの順序を入れかえておこなうには，図2のように，tを一定値に保ち，τについて0からtまで積分し，そのあとでtについて積分すればよいことがわかります．

式(3)のt積分の下端にτが出てきていたのが，式(4)ではτ積分の上端にtが現れていることに注意してください．このように積分の上端や下端が他の変数に依存しているときには，このように対応する積分領域を考えたうえで変更する必要があります．

❹ 式(5)のように順序を入れかえてみると，これはgとhを掛けて積分したtの関数になっている部分を，ラプラス変換したもの(これこそが，たたみ込みです)になっていることに気づきます(式(6))．

212　第11章　積分変換

たたみ込み　$g * h(t) \equiv \displaystyle\int_0^t d\tau\, g(t - \tau)\, h(\tau)$ 　　　　　(7)

に対し

$\quad G(p)H(p) = L(g * h(t))$ 　　　　　(8)

$\quad \longrightarrow G(p)H(p)\ [= L(g)L(h)]$ の逆ラプラス変換

$\qquad\qquad = h$ と g のたたみ込み 　　　　　(9)

　　　HW1 $g * h(t) = h * g(t)$ を示せ

例　$y'' + 3y' + 2y = e^{-t}$; $y(0) = y'(0) = 0$

$\quad L(y) = Y$ とすると

$\quad p^2 Y + 3pY + 2Y = L(e^{-t})$ 　　　　　(10)

　　　　　　　$\uparrow$──**HW2**

$\quad Y = \dfrac{1}{p^2 + 3p + 2}\, L(e^{-t})$

$\quad\quad = \left(\dfrac{1}{p+1} - \dfrac{1}{p+2}\right) L(e^{-t})$ 　　　　　(11)

$\quad Y = L(\underline{e^{-t} - e^{-2t}})\, \underline{L(e^{-t})}$ 　　　　　(12)

　　　$\uparrow$　　$H(p)$　　$G(p)$

　　　└─**HW3**

　　　　ヒント　194 ページの公式 3 , 4 , 2

$\quad L(y) = L(g * h(t))$

　　　$\uparrow$──式(8)

$\quad y = g * h(t)$ 　　　　　(13)

$\quad\quad = \displaystyle\int_0^t d\tau\, e^{-(t-\tau)}(e^{-\tau} - e^{-2\tau})$

　　　$\uparrow$── $g(t) = e^{-t}$, $h(t) = e^{-t} - e^{-2t}$

$\quad \therefore\ y = te^{-t} + e^{-2t} - e^{-t}$ 　　　　　(14)

　　　$\uparrow$──**HW4**

11.4 たたみ込み　213

11.4.2　フーリエ変換のたたみ込み

❺

たたみ込み　$f_1 * f_2(x) = \displaystyle\int_{-\infty}^{\infty} dy\, f_1(x-y) f_2(y)$　　　　　(15)

に対し，フーリエ変換を $\mathcal{F}$ で表して

　$\mathcal{F}(f_1 * f_2) = \mathcal{F}(f_1)\mathcal{F}(f_2)$　　　　　　　　　(16)

　　ただし，$\mathcal{F}(f) = \displaystyle\int_{-\infty}^{\infty} dx\, e^{-ikx} f(x)$

HW5 式(16)を確めよ

ヒント　$\mathcal{F}(f_1) \equiv F_i(k) = \displaystyle\int_{-\infty}^{\infty} dx\, e^{-ikx} f_i(x)$ として，$F_1(k)F_2(k)$ を書いて，ラプラス変換のときと同様に計算を進める

---

❶　つまり，すでにアナウンスしたように，この式(8)あるいは(9)が得られます．

❷　たたみ込みは，式(7)の左辺のように * を使って表しますが，この記号で h と g を入れかえても不変です．**HW1** で確めてください．変数変換をするとわかります．

❸　さて，このたたみ込みを使った例題を考えてみましょう．**例** で与えられた微分方程式の左辺のラプラス変換は式(10)のようになります（**HW2** で，これを確めてください）．得られた式を Y について解くと式(11)のようになります．したがって式(12)に示したように，Y は2つの関数のラプラス変換の積になっていることがわかります．ですから，もとに戻せば，たたみ込みで表せます（式(13)）．

❹　最終結果(14)まで，自分で確めてください（**HW3**，**HW4**）．

❺　フーリエ変換のたたみ込みも同様に考えることができます（式(15)）．この場合，積分区間が無限区間であるため，積分順序の交換は機械的な入れかえで済みます．**HW5** で，式(16)を自分で計算して確めてください．

11.5 ラプラス逆変換

$$F(s) = \int_0^\infty dt\, e^{-st} f(t)$$

$s = s_R + ik\,(s_R, k \text{ は実数})$，$t = x$ と書き，$t < 0$ で $f(t) = 0$ とすると

$$F(s_R + ik) = \int_{-\infty}^\infty dx\, e^{-(s_R+ik)x} f(x)$$

$$= \underbrace{\int_{-\infty}^\infty dx\, e^{-ikx} \boxed{e^{-s_R x} f(x)}}_{\boxed{} \text{のフーリエ変換}} \quad x \text{の関数} \tag{1}$$

両辺をフーリエ逆変換する

$$e^{-s_R x} f(x) = \int_{-\infty}^\infty \frac{dk}{2\pi} e^{ikx} F(s_R + ik) \tag{2}$$

両辺に $e^{s_R x}$ を掛ける

$$f(x) = \int_{-\infty}^\infty \frac{dk}{2\pi} e^{x(ik+s_R)} F(s_R + ik) \tag{3}$$

$s = s_R + ik$, $t = x$ と書いたことを思い出し，変数を書きかえる

$$f(t) = \frac{1}{2\pi i} \int_{s_R - i\infty}^{s_R + i\infty} ds\, e^{st} F(s) \tag{4}$$

↓

$f(t) = (e^{st} F(s)$ がもつ，すべてのポールの留数の総和$)$

例 $F(s) = \dfrac{a}{s^2 + a^2} \qquad (\mathrm{Re}\, s > |\mathrm{Im}\, a|) \tag{5}$

$$f(t) = \frac{1}{2\pi i} \int_{s_R - i\infty}^{s_R + i\infty} ds\, e^{st} \frac{a}{s^2 + a^2} \tag{6}$$

$s = \pm ia$ にポール

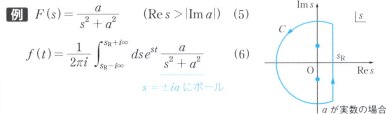

a が実数の場合

❶ 積分変換の締めくくりとして，ラプラス逆変換について扱います．いままでラプラス逆変換は〝あらかじめ公式をつくっておいて，それを利用する〟というかたちでおこなってきましたが，実は複素積分を計算することで，逆変換を直接的に実行することができます．

❷ まず，ラプラス変換の公式から始めます．s を実部と虚部に分け，t を x と書きます．

❸ $f(t)$ は t が負のときに 0 であるとします．すると積分区間は無限区間となります．変形すると，x の関数のフーリエ変換の形になります（式(1)）．

❹ この式(1)の両辺をフーリエ逆変換すれば，式(2)を得ます．

❺ さらに両辺に指数関数の因子を掛けて，式(3)を得ます．さらに変数の名前をつけかえます．

❻ こうして，式(4)に示したラプラス逆変換の公式を得ます．この逆変換の公式の積分経路は閉じていません．ところが一般に，ラプラス変換を求めるときには収束性の条件がつきます．そのことを考えると（結論を先にいってしまうと）被積分関数がもつポールをすべて含む経路を考えればよいことが結論されます．このことは，次の 例 で説明します．

❼ さっそく，ラプラス逆変換の公式を使ってみましょう．この例の $F(s)$（式(5)）は sin 関数のラプラス変換です．これを逆変換の公式を使って逆変換し，sin 関数が出てくることを確めましょう．

❶
❷
❸

s_R が十分に大きいとしてみる($F(s)$ は必ず存在)

$$f(t) = \int_C \frac{ds}{2\pi i} e^{st} \frac{a}{s^2 + a^2} = R(s=ia) + R(s=-ia) \tag{7}$$

ここで

$$R(s=ia) = \lim_{s \to ia}(s - ia)\frac{ae^{st}}{s^2 + a^2} = \frac{e^{iat}}{2i} \quad \text{など} \tag{8}$$

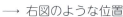 HW1

$$\therefore f(t) = \sin at$$

HW2

❹

☑**注** s_R を十分に大きいとした仮定について

s が収束範囲なら答えは一意 ── この仮定で一般性を失うことはない

❺

さらにくわしい説明(図参照)

$F(s)$ の収束条件:$s_R > |\mathrm{Im}\, a| \equiv |a_I|$ は

　$s_R >$ すべてのポールの実部の最大値
　　　　　　　∥
　　　$\mathrm{Max}\{\mathrm{Re}(\pm ia)\} = |a_I|$

と同値

　── 式(6)の経路はすべてのポールの右側を通る

$a = a_R + ia_I$ の場合のポールの位置

$z = \pm ia = \pm i(a_R + ia_I)$

$\quad = \mp a_I \pm ia_R$

── 右図のような位置

❻

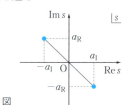

図

❶ 収束性の条件は，この例でもそうですが，s の実部 s_R がある値より大きい，というかたちで出てきます．ということは，s_R が十分に大きいとすれば $F(s)$ は必ず存在するので，そのような場合について公式(4)より得た式(6)の計算を進めます．すると，すべてのポールは，この虚数軸(縦軸)に平行な直線 $s = s_R + iy (-\infty < y < \infty)$ に沿った積分の左側に来ます．そうしておいて，半径無限大の円で図のように経路を閉じてやります．この円上でも被積分関数の大きさは 0 ですから，この経路を足しても 0 を足しこんでいるだけで，求めようとしている積分の値は変わりません．

❷ ちなみに図は簡単のため a が実数であるとして描きましたが，そうでない場合にも，上の戦略は使えます．a が一般の複素数の場合については，あとで再考します．

❸ このようにして，すでにアナウンスしたように，$f(t)$ は被積分関数がもつポールの留数をすべて足したものであることが結論されました(式(7))．あとは単純な留数計算(式(8))ですので確めてください．

❹ ちなみにこの戦略では，s が必ず収束する場合に計算を進めたわけですが，s が収束範囲にあれば答えは一意なはずですから，このやり方で正しい答えが得られます．

❺ さらにくわしくいうと，実は $F(s)$ の収束条件は，式(6)の経路が，$F(s)$ のすべてのポールの右側を通るという条件になっています．ですので $F(s)$ が存在するなら，式(6)の経路を大円で閉じた経路は，すべてのポールをその内側に含むことになります．

❻ a が複素数のときのポールの位置は図のようになります($a_R, a_I > 0$ とする)．$F(s)$ の存在条件 $\operatorname{Re} s > |\operatorname{Im} a|$ より，式(6)の積分経路は必ず，2つのポールの右側に来ることが確認できますね．

CHAPTER **12**

偏微分方程式

これから偏微分方程式に入ります．物理の問題の多くは
偏微分方程式で定式化できますが，一般的に，それを解
くことは難しいことです．ここでは2変数のものに限っ
て，ごく初等的な部分だけを扱います．いろいろなテキ
ストには，解法が，これから紹介する分類に分けて記述
されていることが多いので，まずこの分類についての説
明から始めます．

220 第 12 章 偏微分方程式

12.1 偏微分方程式の分類 ❶

- 楕円型

$$\left(\frac{\partial^2}{\partial x^2} + \frac{\partial^2}{\partial y^2}\right) u = 0 \quad (\text{ラプラス方程式})$$

$$\left(\frac{\partial^2}{\partial x^2} + \frac{\partial^2}{\partial y^2}\right) u = \rho \quad (\text{ポアソン方程式})$$

- 放物型

$$\frac{\partial^2}{\partial x^2} u = \frac{1}{\alpha^2} \frac{\partial u}{\partial t} \quad (\text{拡散方程式}) \tag{1}$$

- 双曲型

$$\frac{\partial^2}{\partial x^2} u = \frac{1}{v^2} \frac{\partial^2 u}{\partial t^2} \quad (\text{波動方程式}) \tag{2}$$

一般論

$u(x, y)$ に対する 2 階偏微分方程式

$$a\frac{\partial^2 u}{\partial x^2} + 2b\frac{\partial^2 u}{\partial x \partial y} + c\frac{\partial^2 u}{\partial y^2} + d\frac{\partial u}{\partial x} + e\frac{\partial u}{\partial y} + fu = g \tag{3}$$

$$D = b^2 - ac \text{ とする} \tag{4}$$ ❷

$D > 0$ 双曲型, $D = 0$ 放物型, $D < 0$ 楕円型
と分類

HW1 式(2)で $t \to y$ とすると, $D > 0$ となることを確めよ

12.2 ラプラス方程式
― 半無限プレートの定常温度分布 ― 3

定常温度場 $T(x, y, t)$

$$\nabla^2 T = k\frac{\partial T}{\partial t} \implies \nabla^2 T = 0 \tag{1}$$

$$= 0 \longleftarrow \text{"定常"}$$

12.2 ラプラス方程式 ― 半無限プレートの定常温度分布 ― 221

領域：$y > 0, 0 < x < 10$
　　y 方向に無限に長い　→　半無限プレート
境界条件
　　$x = 0$ で $T = 0$　　　　　　　　　　(2)
　　$x = 10$ で $T = 0$　　　　　　　　　　(3)
　　$y = 0$ で $T = 100$　　　　　　　　　(4)
　　$y \to \infty$ で $T = 0$　　　　　　　　　(5)

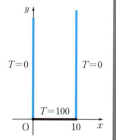

❶　代表的な 2 階偏微分方程式は，楕円型，放物型，双曲型の 3 つに分類されます．ここに記した偏微分方程式のある変数による n 階微分を，その変数の n 乗と対応させて楕円，放物線，双曲線の式を想起すると，この分類の由来は"なんとなく"想像がつきますね？　たとえば拡散方程式(1)は，このルール（＋ $t \to y$ のルール）では $y = a^2 x^2$ に対応していますし，波動方程式(2)は $x^2 = \dfrac{y^2}{v^2}$ に対応しますので．

❷　一般論としては，2 階の偏微分方程式(3)は，"判別式 D"(4)で区別されます．**HW1** で，波動方程式(2)の場合に D が正になることを確認してみてください．

❸　まずラプラス方程式を解いてみます．物理の問題としては，定常温度場を考えます．時間依存性はなく，しかも，2 次元空間で考えます（式(1)）．

❹　偏微分方程式を解くには，適切な境界条件（boundary condition）が必要です．ここでは，左右の境界で T が 0，下部の境界で T が 100 に保たれているとします．これらは式(2)～(4)で表されます．これらより，物理的には，式(5)も成立すべきことは直感的には明らかでしょう．

222　第12章　偏微分方程式

解を

$$T(x, y) = X(x)Y(y) \tag{6}$$

❶

として，式(1)に代入

$$Y\frac{d^2X}{dx^2} + X\frac{d^2Y}{dy^2} = 0$$

両辺を XY で割る

$$\underbrace{\frac{1}{X}\frac{d^2X}{dx^2}}_{x\,\text{だけの関数}} = \underbrace{-\frac{1}{Y}\frac{d^2Y}{dy^2}}_{y\,\text{だけの関数}} = \underbrace{-k^2}_{x,\,y\,\text{によらない定数}(k \geq 0)} \tag{7}$$

x だけの関数　　y だけの関数　→ 変数分離

$$\Longrightarrow \begin{cases} X'' = -k^2 X & \tag{8} \\ Y'' = k^2 Y & \tag{9} \end{cases}$$

❷

X と Y の基本解

$$X = \begin{cases} \sin kx \\ \cos kx \end{cases}, \qquad Y = \begin{cases} e^{ky} \\ e^{-ky} \end{cases} \tag{10}$$

❸

T の基本解

$$T = XY = \begin{cases} e^{\pm ky} \sin kx \\ e^{\pm ky} \cos kx \end{cases} \tag{11}$$

❹

境界条件を満たすものをさがす

e^{ky} : $y \to \infty$ で $T \to \infty$ となり式(5)に矛盾　✕

$\cos kx$: $x = 0$ で $T \neq 0$ となり式(2)に矛盾　✕

❺

❶　求めたい解が，式(6)の形であるとしてみます．この仮定のもとに計算を進めると，左辺は x のみの関数，右辺は y のみの関数の形に変数分離ができます(式(7))．これは常微分方程式のときに出てきた変数分離型の場合と事情がよく似ていますね．この分離が起こったからには，両辺は，値としては x にも y にもよらない定数になっていないとおかしいので，これを定数とおきます(式(7))．符号は，マイナスにとって進めてみます．この点は，あとで説明します．

12.2 ラプラス方程式 ─ 半無限プレートの定常温度分布 ─　　223

❻

したがって

T の基本解　$e^{-ky}\sin kx$　　　　　　　　　　(12)

境界条件 $x = 10$ で $T = 0$(式(3))より

$\sin 10k = 0$　　$\therefore\ 10k = n\pi$　　　　　　(13)

$\therefore\ T$ の基本解　$e^{-\frac{n\pi}{10}y}\sin\frac{n\pi}{10}x$

境界条件 $y = 0$ で $T = 100$(式(4))を満たすよう重ねあわせる

$$T = \sum_{n=1}^{\infty} b_n \sin\frac{n\pi}{10}x\, e^{-\frac{n\pi}{10}y} \tag{14}$$

　　$\underline{}$── $k \geq 0$ より $n \geq 1$

$$100 = \sum_{n=1}^{\infty} b_n \sin\frac{n\pi}{10}x \tag{15}$$

　　$\underline{}$── $y = 0,\ T = 100$

---

❷　さて，変数分離したので，ここに示した 2 つの常微分方程式(8), (9)を解くことになります．

❸　これら両者の基本解は，式(10)となります．ここで**基本解**は，それらの線形結合が一般解になっている解の組のことです．

❹　そこで T の基本解は，式(11)に示した 4 通りとなります．T は，これらの線形結合で構成できるはずだ，という意味です．

❺　ただ，これらの基本解のなかには，境界条件を満たすことが不可能なものがあります．それらをこのように除外していきます．

❻　4 つあった基本解が 1 つにしぼられました(式(12))．ただ，まだ使っていない境界条件が 2 つあります．その 1 つの境界条件(3)より，k の値が式(13)のように離散化された値となります．もう 1 つの境界条件(4)を満たすために，こうして得られた離散的な k について，重ねあわせた形(14)で解を探します．この重ねあわせが，境界条件(4)を満たすためには，式(15)が成立する必要があります．これは，係数 b_n が満たすべき式です．

b_n を決める $\longrightarrow$ フーリエ級数のときをまねる

❶

$\int_0^{10} dx \sin\dfrac{m\pi}{10}x$ を両辺に作用

$$\sum_{n=1}^{\infty} b_n \underline{\int_0^{10} dx \sin\dfrac{n\pi}{10}x \sin\dfrac{m\pi}{10}x} = 100 \int_0^{10} dx \sin\dfrac{m\pi}{10}x$$

$$= \begin{cases} 5 & (m=n) \\ 0 & (m \neq n) \end{cases}$$

↑ **HW1**

$$= \sum_{n=1}^{\infty} b_n \delta_{nm} \times 5$$

$$= 5b_m$$

$$\longrightarrow b_n = \begin{cases} \dfrac{400}{n\pi} & n = \text{odd} \\ 0 & n = \text{even} \end{cases} \tag{16}$$

❷

↑ **HW2**

式(16)と(14)より

❸

$$T = \dfrac{400}{\pi}\left(e^{-\frac{\pi}{10}y}\sin\dfrac{\pi}{10}x + \dfrac{1}{3}e^{-\frac{3\pi}{10}y}\sin\dfrac{3\pi}{10}x \right.$$
$$\left. + \dfrac{1}{5}e^{-\frac{5\pi}{10}y}\sin\dfrac{5\pi}{10}x + \cdots\right) \tag{17}$$

$e^{-\frac{\pi}{10}y} = \varepsilon(\ll 1)$ なら第 1 項が良い近似（下図参照）

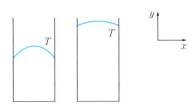

HW3 右のような境界条件のとき，同様な手順で

$$b_n = \frac{2}{l} \int_0^l f(x) \sin \frac{n\pi}{l} x \, dx \tag{18}$$

となることを確めよ

❶ この b_n を決めるには，フーリエ級数の係数を決めたときのように，sin 関数の直交関係を使います．

❷ すると，ここに示した計算により係数 b_n が式(16)のように求まります．

❸ この係数を使って，求められた解を書き出してみます(式(17))．無限の和をとらなくては正確ではありませんが，最初の数項が良い近似になることもあります．たとえば y が十分に大きければ，第 1 項が，それだけで良い近似式になっています．これは図で示したように，両端では温度は 0 で，真ん中付近でいちばん温度が高くなることを示しています．さらに，その真ん中での最大値が，下部の境界から遠ざかるにつれて小さくなることを示しています．温度の場として考えたとき，境界条件も考えると，直感的に納得がいく振舞いですね．

❹ **HW3** として，ここに示した境界条件のときに，上に示したプロセスをくり返して解を求めてください(式(5)も仮定してかまいません)．

解は式(18)のようになります．これを確めてください．

226　第12章　偏微分方程式

☑**注** 右の境界条件のときは，上で〝不適〟とし ❶

た基本解 e^{ky} を〝捨てる〟ことができない

すなわち式(12)の

　　T の基本解　$e^{-ky}\sin kx$

の代わりに

　　T の基本解　$(ae^{-ky} + be^{ky})\sin kx$　　　(19)

として，$y = 30$ で $T = 0$ より a,b の比が決まる

　　T の基本解　$\sinh\{k(30 - y)\}\sin kx$　　(20)

　　HW4 上式(20)が得られることを確めよ

　　ヒント　$\sinh\{k(30 - y)\} = \dfrac{e^{k(30-y)} - e^{-k(30-y)}}{2}$ より，この右辺は，

　　式(19)右辺の $ae^{-ky} + be^{ky}$ と同じ形をしていることに着目

式(20)は境界条件 $x = 0, T = 0$ を満たす ❷

さらに $x = 10, T = 0$ を満たさなければいけないので

$$k = \frac{n\pi}{10} \tag{21}$$

式(20)（＋式(21)）の重ねあわせで残りの境界条件 $y = 0, T = 100$ を満たす

$$T = \sum_n B_n \sinh\left\{\frac{n\pi}{10}(30 - y)\right\}\sin\frac{n\pi}{10}x \tag{22}$$

$$100 = \sum_n \underbrace{B_n \sinh 3n\pi}_{\equiv\, b_n}\ \sin\frac{n\pi}{10}x \qquad (\because\ y = 0, T = 100) \tag{23}$$

b_n で書き直したこの式は式(15)と同じもの．よって式(16)より ❸

$$B_n \sinh 3n\pi = \begin{cases} \dfrac{400}{n\pi} & n = \text{odd} \\[2mm] 0 & n = \text{even} \end{cases} \tag{24}$$

式(22)に代入

$$T = \sum_{n=\text{odd}} \underbrace{\frac{400}{n\pi \sinh 3n\pi}}_{B_n} \sinh\left\{\frac{n\pi}{10}(30 - y)\right\}\sin\frac{n\pi}{10}x \tag{25}$$

✅注 上で見てきたような，境界条件を与えられたラプラス方程式（境界値問題）では，適切な境界条件が与えられていれば，解は唯一（と示せる）．あとで触れるように，この境界値問題は固有値問題と見なせる ❹

❶ さて，ここで ✅注 に示した境界条件を考えましょう．このとき，基本解を求めたあとに，y 変数の指数関数の基本解はどちらも生き残ります．そこでこれらを重ねあわせて，$y = 30$ での境界条件を満たすように係数 a, b を決めます．

そうすると，式(20)に示したように sinh 関数が出てきます．このことを確めてください．

❷ 式(20)の形の解で $x = 10$ での境界条件を満たすようにするためには，やはり k が離散化します（式(21)）．そこでまた重ねあわせ(22)を考え，下部境界 $y = 0$ での境界条件を満たすように係数 B_n を決めます．

❸ このときには，式(23)に示したかたまりを b_n と見なすと，この b_n は，式(15)の b_n と同じもののはずですね．したがって B_n は式(24)のように求められます．この結果を式(22)に戻して，T が式(25)のように求められました．

❹ 一般に，適切な境界条件を満たすラプラス方程式の解は一意です．ですから，上のようなやり方では解の形を限定して始めたのですが，解が求められさえすれば，めでたく，一意である解が求まったことになります．

228 第12章 偏微分方程式

✓注 分離定数 $-k^2$ について ❶

式(7)で $-k^2 \to +k^2$ とおいたら？

$$\frac{X''}{X} = -\frac{Y''}{Y} = +k^2$$

このとき

$$XY = \begin{cases} e^{\pm kx}\sin ky \\ e^{\pm kx}\cos ky \end{cases} \tag{26}$$

式(11)と比べると, $x \leftrightarrow y$ の形. どれも境界条件 $y \to \infty$ で $T=0$ を満たせない. そのため $-k^2$ とおいた

一方, 右のような境界条件の場合には, $+k^2$ とおくべき

$T=0$

$T=100$

$T=0$

✓注 重ねあわせのときに分離定数は離散化 ❷

$k = \dfrac{n\pi}{10}$ 〝固有値〟

$e^{-\frac{n\pi}{10}y}\sin\dfrac{n\pi}{10}x$ 〝固有関数〟

境界値問題 ⟶ 固有値問題

変数分離法のまとめ ❸

1 $T(x, y) = X(x)Y(y)$ とおく

2 上の 1 を偏微分方程式に代入 ⟶ 分離した常微分方程式

  例 $X'' = k^2 X,\ Y'' = -k^2 Y$

3 これらの常微分方程式を解く ⟶ 基本解

  例 $e^{\pm ky},\ \sin kx$ および $\cos kx$

4 境界条件を満たすように重ねあわせをつくる ⟶ 係数を決める

❶ 分離定数の符号の選び方ですが, たとえばはじめの例で, 符号をプラスにとっていたら(式(7)参照)どうなっていたでしょう？

このときには式(26)のように x と y の基本解が入れかわるので境界条件が満たせなくなり, 解が求められなくなってしまいます. だから先取りし

12.3 拡散方程式 ― 薄板中の熱の流れ ―

厚さ l の大きさ無限大の板の断面
温度場 u

$$\nabla^2 u = \frac{1}{\alpha^2} \frac{\partial u}{\partial t} \qquad (1)$$

$$u(x, y, z, t) = \underline{F(x, y, z)}_{\text{空間}} \underline{T(t)}_{\text{時間}} \qquad (2)$$

式(1)に代入

$$T \nabla^2 F = \frac{1}{\alpha^2} F \dot{T}$$

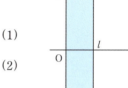

て，式(7)ではマイナスとしておいたのです．

　一方，図のような境界条件であれば，分離定数の符号はプラスとしなければ解けません．

❷　重ねあわせをするときには，分離定数が離散化しました．この離散値を固有値とよぶことがあります．重ねあわせる関数系は固有関数とよばれます．実はこの問題は，ある種の固有値問題になっているからです．

❸　ここに，これまでの解き方である変数分離法のまとめを示しておきます．

❹　次に，薄板の中の熱流の問題を考えます．やはり温度場を考えますが，便宜上ここでは T ではなく，u を温度場とします．u は拡散方程式(1)に従います．

❺　u が式(2)の形に書けると仮定して進めます．空間変数だけに依存した関数 F と時間変数だけに依存した関数 T の積で書けるとするのです．ここで T を使いたかったので，温度場は u としたのです．

両辺を TF で割る

$$\underline{\frac{\nabla^2 F}{F}} = \underline{\underline{\frac{1}{\alpha^2}\frac{\dot{T}}{T}}} = -k^2 \quad (3)$$

分離定数 $(k \geq 0)$

x, y, z のみ　t のみ　$\longrightarrow$　変数分離

$$\begin{cases} \nabla^2 F + k^2 F = 0 & (4) \\ \dfrac{dT}{dt} = -k^2\alpha^2 T & (5) \end{cases}$$

式(5) から

T の基本解　$e^{-k^2\alpha^2 t}$ （6）

例 板の内部温度

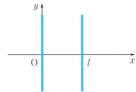

$t<0$ で　$u=0$　　$u=100$　← 定常状態
$t=0$ で　$u=0$　　$u=0$

板は y 方向と z 方向に無限：$F(x, y, z) \longrightarrow F(x)$（式(2)）

初期定常状態での解 u_0

$$\frac{\partial^2 u}{\partial x^2} = \frac{1}{\alpha^2}\underline{\frac{\partial u}{\partial t}} \quad (7)$$

$= 0$ (∵ 定常状態)

$$\frac{d^2 u_0}{dx^2} = 0 \quad (8)$$

$$u_0 = ax + b \quad (9)$$

境界条件 $x=0$ で $u_0=0$，$x=l$ で $u_0=100$ を満たす解

$$u_0 = \frac{100}{l}x \quad (10)$$

❶ さて，この仮定のもとに計算を進めると，変数が空間変数と時間変数とに分離します(式(3))．そこで分離定数を式(3)のようにおくと，空間部分の偏微分方程式(4)と，時間変数に関する常微分方程式(5)が導かれます．

❷ したがって，時間変数の常微分方程式の解は式(6)となります．

❸ ここで式(1)〜(6)の議論をもとに例題を解いてみましょう．具体的には，図のような厚み l の板を考えます(例)．まず時刻 t が負のとき，図中に示したような状態で平衡状態に達していたとします($x = l$ が板の表面と考えてください)．そして，t が 0 の瞬間に右の表面も 0 に保つようにしてみます．このとき，板内部の温度はどのように変化していくでしょうか？これが，この 例 で考える状況です．

　y 方向と z 方向には無限に広く，したがってこれらの方向に移動しても状況はまったく変わらないとします．すると F は y, z に依存しないことになります．そこで式(7)を解くことになります．

❹ まず，初期の定常状態での解 u_0 について考えます．このとき式(8)のように右辺は 0 なので，u_0 は 1 次関数です(式(9))．すると，t が負のときの境界条件を満たす解として，式(10)が得られます．直感的に納得のできる結果ですね．

232　第12章　偏微分方程式

$t > 0$ のとき ❶

$u = F(x)\,T(t)$ で F について

$$\frac{d^2F}{dx^2} + k^2F = 0$$

$\therefore\ F$ の基本解　$\sin kx,\ \cos kx$ 　　　(11)

T については，すでに解いたように式(6)から

　T の基本解　$e^{-k^2\alpha^2 t}$ 　　　(12)

よって

u の基本解 $\begin{cases} e^{-k^2\alpha^2 t}\sin kx \\ e^{-k^2\alpha^2 t}\cos kx \end{cases}$

境界条件 $x = 0,\ u = 0\ \longrightarrow\ \cos kx$ を含むものは不適 ❷

境界条件 $x = l,\ u = 0\ \longrightarrow\ \sin kl = 0$ より

$$k = \frac{n\pi}{l}\quad \text{“固有値”}$$

“固有関数” を重ねあわせて

$$u = \sum_{n=1}^{\infty} b_n\, e^{-\left(\frac{n\pi}{l}\alpha\right)^2 t}\sin\frac{n\pi}{l}x \tag{13}$$

$\underset{\longleftarrow k \geq 0\ \text{より}\ n \geq 1}{}$

$t = 0,\ u = u_0$ より式(13)は

$$\frac{100}{l}x = \sum_{n=1}^{\infty} b_n \sin\frac{n\pi}{l}x$$

$\left|\ \ \displaystyle\int_0^l dx\sin\frac{m\pi}{l}x\ \text{を両辺に作用}\right.$

$$b_n = \frac{200}{\pi}\frac{(-1)^{n-1}}{n} \tag{14}$$

$\longleftarrow$ `HW1`

式(13)に代入 ❸

$$u = \frac{200}{\pi}\left\{ e^{-\left(\frac{\pi}{l}\alpha\right)^2 t}\sin\frac{\pi}{l}x - \frac{1}{2}e^{-\left(\frac{2\pi}{l}\alpha\right)^2 t}\sin\frac{2\pi}{l}x + \cdots \right\}$$

$$\tag{15}$$

12.3 拡散方程式 — 薄板中の熱の流れ —

❹ ☑**注** 230 ページの式(3)で分離定数を $+k^2$ とおくと，式(13)で指数関数の項 $e^{+k^2 a^2 t}$ が $t \to \infty$ で発散するので不適

❺ ☑**注** いままで境界条件では u を与えた
境界で
$$\frac{\partial u}{\partial x} = 0 \quad \text{または} \quad \frac{\partial u}{\partial n} = 0 \qquad (16)$$
を考えることもよくある
u が温度なら，式(16)は，熱の流れ 0 に相当

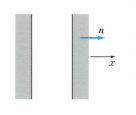

レクチャー

❶ さて，t が正のときを考えましょう．このとき空間部分は x だけの関数なので，結局，F の基本解と T の基本解が，それぞれ式(11)と(12)のように定まります．

❷ 境界条件を適切な順で適用して，解を限定していきます．"固有値" と "固有関数" がわかったところで，式(13)のように重ねあわせます．

さて，この重ねあわせ(13)が $t=0$ での境界条件を満たすべし，として係数 b_n を決めます．やはり sin 関数の直交性を使います．その結果，係数 b_n が式(14)のように求められます．  で確めましょう．

❸ 解を書き出すと，式(15)のようになります．

❹ ここで分離定数の符号をプラスにとっていたら，境界条件を満たす解が決まらないことに注意しましょう．

❺ いままで，境界条件としては u(あるいは T)を与えてきました．しかし状況によっては，その微分値を与えることで物理的状況が記述されることもあります．たとえば壁を通る熱流が 0 なら，温度場の境界法線方向の変数 n での微分が 0 となります．

234　第 12 章　偏微分方程式

12.4　偏微分方程式のいろいろな境界条件　❶

- ディリクレ問題：境界上で u を与える
- ノイマン問題：境界上で法線方向の傾きを与える

  例　$\dfrac{\partial u}{\partial n} = 0$

- コーシー問題：上の 2 つの組合せ

☑注 230 ページの 例 で見たように $x = 0, l$ で $u = 0$ という境界条件を与　❷
えたときには $\sin kx$ が基本解．これを $\dfrac{\partial u}{\partial x} = 0$ に変えると $\cos kx$ が基本
解となる（確めよ HW1 ）

12.5　無限区間の場合：フーリエ変換の利用　❸

$u(x, t)$ は次の方程式に従うとする

$$\frac{\partial u}{\partial t} = D\,\frac{\partial^2 u}{\partial x^2}$$

初期条件

$$u(x, 0) = f(x)$$

$-\infty < x < \infty$ とする

$$u(x, t) = T(t)X(x) \tag{1}$$

❹

変数分離によって，次の基本解が求まる（確めよ HW1 ）

$$T = e^{-k^2 Dt}, \quad X = \begin{cases} \sin kx \\ \cos kx \end{cases} \iff e^{\pm ikx} \tag{2}$$

重ねあわせは

$$u = \sum_k T_k X_k a_k \tag{3}$$

$$= \sum_k a_k e^{ikx} e^{-k^2 Dt}$$

$$\downarrow$$

$$u(x, t) = \int_{-\infty}^{\infty} dk\ F(k) e^{-k^2 Dt}\ e^{ikx} \tag{4}$$

〰〰〰 のフーリエ変換

12.5 無限区間の場合：フーリエ変換の利用

❶ 一般には境界条件によって，このように境界値問題に名前がついています．

❷ たとえば，いままでのディリクレ問題を，このようにノイマン型に変えると基本解が変わります．HW1 で確めてください．

❸ 偏微分方程式の最後の例題として，重ねあわせの係数を決めるときにフーリエ変換が現れる例を扱います．考える物理は拡散現象です．水中の 1 点にインクの滴を置くと拡がっていき，やがて水槽全体が一様に薄く染まりますね(インクと水の比重は同じとします)．このときのインク濃度 u を，動径方向 x の関数として見たのがこの例題です．つまり時刻 0 の初期に u が関数 f の形をとっていたものが，拡散によって $u =$ (一定) に落ち着いていく動力学を，拡散方程式を解くことで再現します．このとき水槽のサイズは十分大きく，x 方向には無限区間であるとしてみます．

❹ u を式(1)の形におくと基本解が求まりますが，x に関して無限区間を考えているために，固有値が離散化しません．そのため重ねあわせは，k に対する積分を考えることにします．式(4)のように書いてみると，u は $F(k)e^{-k^2 Dt}$ のフーリエ変換の格好をしています．

なお，式(2)において $\sin kx$ と $\cos kx$ の線形結合は $e^{\pm ikx}$ の線形結合と解き直せることを用いました．このことから式(3)の k に関する和は k がプラスのものもマイナスのものも含めなくてはいけません．そこで式(4)の k の積分区間は $-\infty$ から $+\infty$ となります．

初期条件 $u(x, 0) = f(x)$ より，上式(4)は

$$f(x) = \int_{-\infty}^{\infty} dk\, F(k)\, e^{ikx}$$

ゆえにフーリエ逆変換によって

$$F(k) = \int_{-\infty}^{\infty} \frac{dx}{2\pi} f(x)\, e^{-ikx} \tag{5}$$

$x \to y$ として式(4)に代入

$$u = \int_{-\infty}^{\infty} dk \left\{ \int_{-\infty}^{\infty} \frac{dy}{2\pi} f(y)\, e^{-iky} \right\} e^{-k^2 Dt} e^{ikx}$$

$$= \int_{-\infty}^{\infty} \frac{dy}{2\pi} f(y) \underline{\int_{-\infty}^{\infty} dk\, e^{ik(x-y)} e^{-k^2 Dt}} \tag{6}$$

変数 k のガウス関数 $e^{-k^2 Dt}$ のフーリエ変換
↓
変数 $x - y$ のガウス関数

$$\therefore u = \int_{-\infty}^{\infty} \frac{dy}{2\pi} f(y)\, e^{-\frac{(x-y)^2}{4Dt}} \sqrt{\frac{\pi}{Dt}} \tag{7}$$

↑ **HW2**

ヒント $e^{-\alpha x^2}$ のフーリエ変換は $e^{-\frac{k^2}{4\alpha}} \sqrt{\frac{\pi}{\alpha}}$

$t=0$ で $u = \delta(x) \longrightarrow f(x) = \delta(x)$ のとき，式(7)は

$$u = \frac{1}{2\sqrt{\pi Dt}} e^{-\frac{x^2}{4Dt}} \tag{8}$$

これは下図のように，時間とともに形を変える

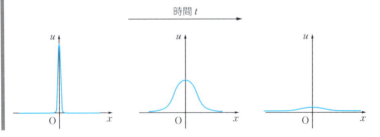

> ☑**注** ガウス関数の幅は，ガウス関数の値が最大値の $\frac{1}{e}$ ($\simeq \frac{1}{3}$) であるときのグラフの幅として定義することが多い（この場合なら $x^2 = 4Dt$）
>
>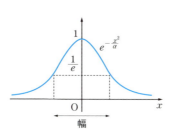

❹

❶ したがって初期条件を表す関数 f は，F のフーリエ変換であることがわかります．式(5)を(4)に入れて変形すると式(6)のようになり，最後の k 積分は変数 k に関するガウス関数のフーリエ変換であることがわかります．ただし〝共役〟な変数は $x - y$ です．ここで〝共役〟といっているのは，フーリエ変換のときに現れる純虚数の指数関数の部分に，kx ではなく $k(x - y)$ が出てきていることを指しています．そこで，この部分は変数 $x - y$ のガウス関数として求めることができます．**HW2** で確認してください．

❷ したがって，式(7)の最終結果を得ます．

❸ こうして得られた解の性質を調べてみましょう．$t = 0$ で，u がデルタ関数 $\delta(x)$ だとしてみましょう．このとき u は式(8)のように与えられます．この関数はガウス関数ですが，時間が経つにつれて幅が広がり，最大値は小さくなっていきます．インクが拡がっていく様子と直感に整合する結果になっていますね．

❹ なおここでガウス関数の幅については，すでにガウス関数のフーリエ変換のところ(11.3.3項)で説明しましたが，ここでまた復習してください．

CHAPTER **13**

微分方程式の級数解法，直交関数系

　これから微分方程式の級数解法を学びます．これは量子力学を理解するために避けて通れません．量子力学では簡単な調和振動子についての波動関数を理解するために，級数解法の知識が必要となります．この章ではおもにルジャンドルの微分方程式を例として解説し，最後に一般的な場合を含めてまとめます．

240　第13章　微分方程式の級数解法，直交関数系

13.1　級数解法の一例

微分方程式

$$y' = 2xy \tag{1}$$

❶

を考え，解を次の形に仮定

$$y = \sum_{n=0}^{\infty} a_n x^n = a_0 + a_1 x + a_2 x^2 + a_3 x^3 + \cdots \tag{2}$$

式(2)を(1)に代入

❷

$$y' = a_1 + 2a_2 x + 3a_3 x^2 + \cdots$$

$$2xy = 2a_0 x + 2a_1 x^2 + 2a_2 x^3 + \cdots$$

$\longrightarrow$ 各 x^n の係数が等しい

$$x^0 : a_1 = 0, \qquad x^1 : 2a_2 = 2a_0,$$
$$x^2 : 3a_3 = 2a_1 = 0, \qquad \cdots \tag{3}$$

系統的な方法：

❸

$$y = \sum_{n=0}^{\infty} a_n x^n \ \text{を(1)に代入}$$

左辺：$y' = \sum_{n=1}^{\infty} n a_n x^{n-1}$ ❹

$$\tag{4}$$

$$n = m + 1$$
$$x^m$$

x^m の係数：$(m + 1) a_{m+1}$ $\qquad (m = 0, 1, \cdots)$ ❺

$$\tag{5}$$

右辺：$2xy = \sum_{n=0}^{\infty} 2 a_n x^{n+1}$ ❻

$$n = m - 1$$
$$x^m$$

x^m の係数：$2 a_{m-1}$ $\qquad (m = 1, 2, 3, \cdots)$

$$\tag{6}$$

❶ まず例題として，この微分方程式(1)を解きましょう．級数解法では，解が式(2)のような級数で与えられると仮定し，その係数 a_n が満たすべき式を導きます．

❷ 式(2)をもとの微分方程式(1)の両辺にそれぞれ代入し，両辺の x の同じべきの項の係数が等しいことを要求します．0 乗，1 乗，2 乗，……と調べてみると，まず 0 乗における要求から a_1 が 0 であることがわかります．1 乗の項からは a_2 と a_0 の関係が導かれます．2 乗の項からは a_3 と a_1 の関係が出ますが，a_1 が 0 なので，a_3 も 0 であることがわかります(式(3))．

❸ このような計算をもうすこし系統的におこなってみましょう．和記号のある形 ($y = \sum_{n=0}^{\infty} a_n x^n$) のまま計算をするのです．

❹ $y = \sum_{n=0}^{\infty} a_n x^n$ を x で微分すると和記号の中での x は $n-1$ 乗となります(式(4))．このとき和記号の下限は $n = 1$ です．

❺ 式(4)から x の m 乗の項の係数を読み取るために $n = m + 1$ の置き換えをすると式(5)を得ます．この式は $n = 1$，つまり $m = 0$ から成立します．

❻ 微分方程式(1)の右辺については，和記号の下限は $n = 0$ からのままです．やはり x の m 乗の係数を読み取ります．今度は $n = m - 1$ の置き換えをして式(6)を得ます．この式は $n = 0$，つまり $m = 1$ から成立します．

式(5)と(6)より

$$(m+1)a_{m+1} = 2a_{m-1} \quad (m=1,2,\cdots) \tag{7}$$

$\downarrow m = n-1$

$$\therefore na_n = 2a_{n-2} \quad (n=2,3,\cdots) \tag{8}$$

❶

❷

$n = $ odd

$$a_1 = 0 \to a_3 = 0 \to a_5 = 0 \to \cdots \Rightarrow a_{\text{odd}} = 0 \tag{9}$$

❸

$n = $ even

$n = 2m \quad (m \geq 1)$

式(8)を"くり返し"使う

❹

$$a_{2m} = \frac{1}{m}a_{2(m-1)} \xrightarrow{m \to m-1} a_{2(m-1)} = \frac{1}{m-1}a_{2(m-2)} \tag{10}$$

$$= \frac{1}{m}\frac{1}{m-1}a_{2(m-2)} = \cdots \tag{11}$$

$$= \frac{1}{m}\frac{1}{m-1}\cdots\frac{1}{2-1}a_{2\cdot 0} \tag{12}$$

$$\therefore a_{2m} = \frac{1}{m!}a_0 \tag{13}$$

$$\therefore y = \sum_{m=0}^{\infty} a_{2m}x^{2m} \tag{14}$$

❺

$$= a_0 \sum_{m=0}^{\infty} \frac{(x^2)^m}{m!} \tag{15}$$

$$\therefore y = a_0 e^{x^2} \tag{16}$$

HW1 式(1)を変数分離法で解き,式(16)を導け

ヒント $\dfrac{dy}{dx} = kx \longrightarrow \int dy = k\int x\,dx$

❻

☑**注** 級数解法は万能ではない

例 解が $\log x$ や $\dfrac{1}{x^2}$ であるならば✕

❼

13.1 級数解法の一例 **243**

❶ このように x の m 乗の項に着目すると係数の間には，式(7)の関係があることがわかります．しかも，この式は m が 1 以上で正しい式です．なぜなら式(5)は $m = 0$ から正しいですが，式(6)は $m = 1$ から正しいからです（$m = 0$ のときは式(6)に相当する項はないので，式(5)と式(6)より，式(7)に相当する式は $1 \cdot a_1 = 0$ となります．つまり，$a_1 = 0$ が帰結されます）．さらに，$m + 1$ を n と書きかえると次の式(8)を得ます．この式は式(3)を一般化した形になっていることを確認してください．

❷ ここで式が成り立つ添え字の下限について細かく見ておきましたが，これを怠ると，まちがった結果を得ることがあります．代わりに，最初の数項をはじめにおこなったように書き出してみるのは，この種のミスを防ぐ有益な方法です．なお，式(4)で和記号の下限を $n = 0$ とすることもできます．0 である項を足し込むだけのことだからです．このとき，式(5)は $m = -1$ から正しく，式(7)は $0 \cdot a_0 = 0$ という自明の式となります．

❸ さて，こうして得られた漸化式(8)は，添え字が 2 つずれた係数どうしが比例関係にあることを示しています．ですから a_1 が 0 なので，a_3 は 0，それならば a_5 も 0，…… となり，結局，添え字が奇数(odd)の係数はすべて 0 です（式(9)）．

❹ 添え字が偶数(even)の場合は，式(10)から(11)に示したように，この漸化式を "くり返し" 使います．式(10)の最初の等号で一度使い，次に式(8)を(10)の右にある青字の式に読み替えて，式(11)の等号の変形に使用していることに注意してください．そして係数の添え字が 0 になるまでこのくり返しを続けると（式(12)），式(13)が出ます．

❺ この結果をもとの級数の形に戻します（式(14)，(15)）．これは x^2 の指数関数のテーラー展開の形をしていますので，この場合には，解が級数ではない形に書き直せます（式(16)）．

❻ もっとも，この微分方程式は 5.1 節で学んだ変数分離法で簡単に解くことができます．**HW1** で復習しておいてください．

❼ ここに示した級数解法は，いつでも使えるわけではありません．求めようとしている解が，$x = 0$ のまわりでテーラー展開できない形をしていたら，もちろん使えません．

244 第13章 微分方程式の級数解法，直交関数系

13.2 ルジャンドルの微分方程式

微分方程式

$$(1 - x^2)y'' - 2xy' + l(l+1)y = 0 \tag{1}$$

❶

に

$$y = \sum_{m=0}^{\infty} a_m x^m \tag{2}$$

❷

を代入

$$\sum_{n=2 \to m=0}^{\infty} n(n-1)a_n x^{n-2} - \sum_{m=2 \to m=0}^{\infty} m(m-1)a_m x^m$$

$$x^m$$
$$\uparrow n = m+2 \quad (3)$$

$$\because \text{式}(3)$$

$$- \sum_{m=1 \to m=0}^{\infty} 2ma_m x^m + \sum_{m=0}^{\infty} l(l+1)a_m x^m = 0 \tag{4}$$

x^m の係数 $= 0 \ (m = 0, 1, 2, \cdots)$:

❸

$$\because \text{式}(3)$$

$$(m+2)(m+1)a_{m+2} - m(m-1)a_m - 2ma_m + l(l+1)a_m = 0$$

$$\therefore a_{n+2} = -\frac{(l-n)(l+n+1)}{(n+2)(n+1)}a_n \tag{5}$$

HW1

❶ 次に**ルジャンドルの微分方程式**とよばれる，2階の線形微分方程式(1)をこの方法で解いてみます．

❷ さっそく，各項に級数型の解(2)を代入して計算してみましょう．便宜上，第1項だけは n を使って書きました． $n = m + 2$ の書きかえで， x^{n-2} を x^m にするためです．また第2項と第3項の m に関する和記号の下限を0と置き換えました．なぜなら，たとえば，式(4)の左辺第2項で $m(m-$

13.2 ルジャンドルの微分方程式 **245**

❹

式(5)を "くり返し" 使うと

- a_{even} は a_0 で書ける
- a_{odd} は a_1 で書ける

最初の数項を書き出す

$$y = a_0\left\{1 - \frac{l(l+1)}{2!}x^2 + \frac{l(l+1)(l-2)(l+3)}{4!}x^4 - \cdots\right\}$$

a_0 級数

$$+ a_1\left\{x - \frac{(l-1)(l+2)}{3!}x^3\right.$$

$$\left. + \frac{(l-1)(l+2)(l-3)(l+4)}{5!}x^5 - \cdots\right\} \qquad (6)$$

a_1 級数

HW2

1) は $m = 0, 1$ で0だからです(同様に考えると,第1項の n に関する和記号の下限は,$n = 0$ や1とすることもできるのですが,ここでは $n = 2$ のままとしておきます).

❸ 式(4)において,x の m 乗の係数の和が0という式を書くために(上述のように)第1項で $n = m + 2$ の置き換えをすると,式(5)の上の式が得られます.第1項での置き換えにより,和記号の下限が $m = 0$ に揃うので,この式は $m = 0$ 以上で成立します(第1項での n の和の下限を仮に $n = 0$ としておいたら,第1項の m の下限は $m = -2$ となりますが,$m = -2, -1$ の項は,値が0で,第2項以後の和記号には $m = -2, -1$ の項は存在しないため,同じ結論を得ます).m を n と書きかえると式(5)になります.

❹ こうして得た漸化式(5)をくり返し使うと,偶数(even)係数は a_0 で表せ,奇数(odd)係数は a_1 で表せます.その結果を最初の数項について,式(6)のように書き出してみました.1行目,2行目を,それぞれ a_0 級数,a_1 級数とよぶことにしましょう.この結果は,自分で漸化式を使ってチェックしてみてください(HW2).

246   第13章　微分方程式の級数解法，直交関数系

☑**注** a_0, a_1 という2つの定数を含む2階常微分方程式の解 $\longrightarrow$ 一般解   ❶

13.2.1　ルジャンドル多項式   ❷

☐1 $l = 0$ のとき   ❸

a_0 級数：

$$y = a_0 \qquad (\because 高次項が l を含む)$$

a_1 級数：

$$a_1 \sum_{n=0}^{\infty} \frac{x^{2n+1}}{2n+1} \xrightarrow{\ x=1\ } a_1\left(1 + \frac{1}{3} + \cdots\right)$$

発散 $\longleftarrow$ **HW3**

☐2 $l = 1$ のとき   ❹

a_1 級数：

$$y = a_1 x \qquad (\because 高次項が l - 1 を含む)$$

☑**注** a_0 級数は $x = 1$ で発散 $\longleftarrow$ **HW4**

☐3 $l = 2$ のとき   ❺

a_0 級数：

$$y = a_0(1 - 3x^2) \qquad (\because 高次項が l - 2 を含む)$$

☑**注** a_1 級数は $x = 1$ で発散

$\Longrightarrow$ 非負の整数 l に対する多項式解   ❻

$$\begin{cases} l = 0, \ y = a_0 \\ l = 1, \ y = a_1 x \\ l = 2, \ y = a_0(1 - 3x^2) \\ \ \ \vdots \end{cases}$$

$y = 1$ で $x = 1$ を満たす

$\longrightarrow$ ルジャンドル多項式 $P_l(x)$

$$P_0(x) = 1, \quad P_1(x) = x, \quad P_2(x) = \frac{1}{2}(3x^2 - 1), \quad \cdots \qquad (7)$$

13.2 ルジャンドルの微分方程式　247

❶ ところで，式(6)は2階線形微分方程式の解であり，未定定数を2つ含みます．したがって一般解です．

❷ さて，式(6)の級数解の性質をくわしく見ていきましょう．まず，微分方程式(1)が，l というパラメーターを含んでいたことを思い起こしましょう．このパラメーターが0と正の整数の場合について，順番に見ていきます．

❸ まず l が0のときですが，このとき a_0 級数は第1項(a_0)より高次の項が（いずれも0である l に比例するので）消え，a_0 となります．一方，a_1 級数は $x = 1$ のとき発散してしまうことがわかります．"公比テスト"を使って自分で確めてください(HW3)．

❹ 次に l が1のときですが，このとき a_1 級数は，やはり高次の項が消えるので1次関数となります．他方，今度は a_0 級数が $x = 1$ で発散します(HW4)．

❺ 次に l が2のときは，a_0 級数が2次多項式となります．そして a_1 級数が $x = 1$ で発散します．

❻ この議論を続けていくと，この微分方程式は l が0と正の整数の場合に $x = 1$ で発散しない級数解をもつことがわかります(l が偶数のときには a_0 級数，l が奇数のときには a_1 級数が，発散しないほうの級数となる)．これらの解が，$y = 1$ で $x = 1$ であるような条件を満たすように a_0 もしくは a_1 を決めて得られる多項式を P_l と書き，ルジャンドル多項式とよびます(式(7))．

13.3 積の微分に関するライプニッツ則 ❶

例 $\dfrac{d^9}{dx^9} x \sin x$ \hfill (1) ❷

$$\underbrace{\dfrac{d(uv)}{dx}}_{u\text{のみに作用}} = (D_u + \underbrace{D_v}_{v\text{のみに作用}}) uv \hfill (2)$$ ❸

$(\because u'v + uv' = (D_u u)v + u(D_v v))$

$\dfrac{d^n}{dx^n}(uv) = (D_u + D_v)^n (uv) \hfill (3)$

$= \underbrace{\sum_{r=0}^{n}}_{} {}_nC_r D_u{}^r D_v{}^{n-r}(uv) \hfill (4)$ ❹

これを $n=2$ のとき確めよ（**HW1**）

ヒント 式(3)の左辺は $u''v + 2u'v' + uv''$ となる

❶ 以上のようにまわりくどい方法でルジャンドル多項式が導入されましたが，この多項式を別のやり方で定義することもできます．ただ，その定義には複数回の微分が出てきます．そこで準備として，積の微分をくり返しておこなうときに便利な公式を紹介します．

❷ たとえば式(1)のように，"微分を9回おこないなさい" といわれたら，皆さんはおそらく身構えるでしょう．積の微分はふつうに考えると，微分をくり返すたびに項が増えていくからです．ところがここで紹介するライプニッツの方法を知っていると，このタイプはうまく処理できるのです．さっそく説明しましょう．

❸ まず，u にだけ作用する微分演算子 D_u，v にだけ作用する微分演算子 D_v を定義すると，積の微分を式(2)のように表せます．

13.3 積の微分に関するライプニッツ則　249

$$\frac{d^9}{dx^9}x\sin x = {}_9C_0 x\frac{d^9\sin x}{dx^9} + {}_9C_1\, 1\,\frac{d^8\sin x}{dx^8} \qquad (5)$$

u　v

$$= \overline{D_u^{\,0}D_v^{\,9}x\sin x}$$

$r=2$ で $D_u^{\,2}x=0$

$$= x\frac{d^9\sin x}{dx^9} + 9\frac{d^8\sin x}{dx^8} \qquad (6)$$

$$= x\cos x + 9\sin x \qquad (7)$$

❺

❻

❹　これらの演算子を使うと，n 階微分は式(4)右辺のように表すことができます．これは HW1 のヒントを参照し，$n=2$ のときについての二項定理も思い起こすと納得できると思います．

❺　さて，この公式(4)を使って，冒頭の式(1)の計算をしてみましょう．ここで x を u，$\sin x$ を v と見なして二項定理に従い，順に項を計算していきます．式(5)を見てください．とくに，第 2 項で x が 1 階微分されて 1 が現れていることに注目してください．すると第 3 項はそれを微分した 0 が現れるので第 3 項は 0 となります．同様にして，第 3 項以降はすべて 0 になるわけです．つまり，はじめの 2 項だけを計算すればよいのです(式(6))．

❻　あとは $\sin x$ の 9 階と 8 階の微分を計算すればよいだけです．$\sin x$ は，破線で囲んだ図に示したように 4 回微分するともとに戻るので，8 階微分はもとの $\sin x$，9 階微分はそれを微分した $\cos x$ とわかって，最終結果(7)を得ます．

250　第 13 章　微分方程式の級数解法，直交関数系

13.4　ロドリゲスの公式

ルジャンドル多項式 $P_l(x)$ の別の定義　❶

$$P_l(x) = \frac{1}{2^l \, l!} \frac{d^l}{dx^l} (x^2 - 1)^l \tag{1}$$

説明の手順

☐1 上の定義がルジャンドルの微分方程式を満たす

☐2 上の定義が $P_l(1) = 1$ を満たす

　☐1 の説明　❷

　　$v = (x^2 - 1)^l$ とおく

$$(x^2 - 1) \frac{dv}{dx} = (x^2 - 1) l (x^2 - 1)^{l-1} 2x \tag{2}$$

$$\therefore \; (x^2 - 1) \frac{dv}{dx} = 2lxv \tag{3}$$

　　両辺を $l + 1$ 回微分　❸

　　左辺：

$$\underbrace{\frac{d^{l+1}}{dx^{l+1}}}_{} \underbrace{(x^2 - 1)}_{u} \underbrace{\frac{dv}{dx}}_{v}$$

$$= \underbrace{{}_{l+1}C_0 (x^2 - 1) \frac{d^{l+2}v}{dx^{l+2}}}_{r=0} + \underbrace{{}_{l+1}C_1 2x \frac{d^{l+1}v}{dx^{l+1}}}_{r=1} + \underbrace{{}_{l+1}C_2 2 \frac{d^l v}{dx^l}}_{r=2}$$

$$\tag{4}$$

❶　さて準備が終わったので，ルジャンドル多項式 $P_l(x)$ の別の定義を紹介します．なんと，$P_l(x)$ はこの l 階微分を含んだ式 (1) で与えられるのです．この理由を説明しましょう．この説明は，ここに示した ☐1, ☐2 の 2 つのことを順に示すことで完成します．ルジャンドル多項式は，この 2 つを満たす多項式だからです．

❷　まず，☐1 についての説明です．$v = (x^2 - 1)^l$ とおいて，両辺を x で微

右辺：

$$\frac{d^{l+1}}{dx^{l+1}} 2l \underset{u}{x} v = 2l \,_{l+1}C_0 \, x \frac{d^{l+1}v}{dx^{l+1}} + 2l \,_{l+1}C_1 \, 1 \, \frac{d^l v}{dx^l} \qquad (5)$$

$\underbrace{\phantom{2l \,_{l+1}C_0 \, x \frac{d^{l+1}v}{dx^{l+1}}}}_{r=0}$ $\underbrace{\phantom{2l \,_{l+1}C_1 \, 1 \, \frac{d^l v}{dx^l}}}_{r=1}$

式(4)と(5)より

$$(x^2-1)\frac{d^{l+2}v}{dx^{l+2}} + 2x\frac{d^{l+1}v}{dx^{l+1}} = l(l+1)\frac{d^l v}{dx^l} \qquad (6)$$

（HW1）

$$y = \frac{d^l v}{dx^l} = \frac{d^l}{dx^l}(x^2-1)^l \text{ とおく}$$

── 式(1)の右辺に比例する量

$$(x^2-1)y'' + 2xy' = l(l+1)y \qquad (7)$$

── ルジャンドルの微分方程式

分してから，両辺に (x^2-1) を掛けると式(2)になります．この右辺を v で書き直すと，式(3)を得ます．

❸ この両辺を $l+1$ 回微分してみましょう．もちろん，左辺の計算にはライプニッツ則(4)を使います．この場合は x の2次関数の微分が入っているので，二項定理の第3項までの計算で済みます（式(4)）．

❹ そして，右辺もライプニッツ則です．この場合は x の1次関数なので，第1項までの計算で済みます（式(5)）．

❺ これらの結果を合わせてまとめると，式(6)を得ます．（HW1）でチェックしてください．

❻ 式(6)で，y をここに示したようにおくと，y についてのルジャンドルの微分方程式(7)を得ます．つまり，式(1)の右辺の係数（$2^l l!$ の逆数）を除いた $\dfrac{d^l}{dx^l}(x^2-1)^l$ の部分がルジャンドルの微分方程式を満たすのです．したがって，それを定数倍した式(1)の右辺もルジャンドルの微分方程式を満たすため，[1] が示されました．

252　第13章　微分方程式の級数解法，直交関数系

2の説明

$v = (x^2 - 1)^l$ とおく

$$v = (x - 1)^l (x + 1)^l \tag{8}$$

この両辺を l 回微分して，$x = 1$ とおく

$$\left. \frac{d^l v}{dx^l} \right|_{x=1} = 2^l\, l! \tag{9}$$

HW2

$$\therefore \ \left. \frac{1}{2^l\, l!} \frac{d^l v}{dx^l} \right|_{x=1} = 1 \tag{10}$$

└── 式(1)の右辺

13.5　ルジャンドル多項式の母関数

$$\Phi(x, h) = (1 - 2xh + h^2)^{-\frac{1}{2}} \qquad (|h| < 1) \tag{1}$$

$$= P_0(x) + hP_1(x) + h^2 P_2(x) + \cdots \tag{2}$$

$$= \sum_{l=0}^{\infty} P_l(x) h^l \tag{3}$$

$\Phi(x, 0) = P_0(x),$

$$\left. \frac{\partial \Phi}{\partial h} \right|_{h=0} = P_1(x), \tag{4}$$

$$\left. \frac{\partial^2 \Phi}{\partial h^2} \right|_{h=0} = 2!\, P_2(x), \quad \cdots\cdots$$

$$P_l(x) = \frac{1}{l!} \left. \frac{\partial^l \Phi}{\partial h^l} \right|_{h=0} \tag{5}$$

説明：

一般に $\Phi(x, h) = \displaystyle\sum_{l=0}^{\infty} f_l(x) h^l$ と書ける

以下の1と2の手順で $f_l(x)$ が $P_l(x)$ に他ならないことを示す

❶ 式(1)が係数を含めて正しいことを示すのが，説明の2つ目の部分です．まず v を先ほどと同じに定義し，これをさらに式(8)のように変形します．この式(8)の両辺を l 回微分して，$x=1$ とおくと式(9)が成立します．HW2 で確めてください（もちろん右辺の微分にライプニッツ則を用います．$x=1$ とおくと $x-1$ のべきを含む項は消えてしまいます．なので，"$(x-1)^l$ を l 回微分して $(x+1)^l$ を0回微分する項"だけが残ることに注意）．したがって式(10)が成立します．ですので，式(1)は係数まで含めて正しいことがわかりました．

2 ルジャンドル多項式を得る方法をもう1つ紹介します．それは**母関数**あるいは**生成関数**というものによる方法です．英語では "generating function" とよびます．名前のとおりに，ルジャンドル多項式を次々と生み出して (generate) いける関数があるのです．それは，式(1)に示した関数です．

3 この x と h の関数(1)は，実は式(2)と(3)に示したように，h でべき展開したときにその係数がルジャンドル多項式になっているのです．この性質をもっていると，たとえば h を0とおけば，0次のルジャンドル多項式が得られることになります．1次のそれは，この関数を一度 h で微分しておいてから h を0とおけば得られます（式(4)）．同様にして l 次のルジャンドル多項式は，この関数を l 回微分して h を0とおいたものを l の階乗で割り算すれば得られるというわけです（式(5)）．

4 では，なぜこの関数 Φ が式(2)あるいは(3)のような h のべき展開をもつのかについて説明します．そのためにここに示したように，h の関数である Φ が x の関数 $f_l(x)$ を係数とする h のべき展開で書けると仮定し，この f_l が P_l そのものであることを示していきます．これも先ほどと同様に，2つのステップ 1, 2 に分けて示します．

254　第13章　微分方程式の級数解法，直交関数系

1 $P_l(1) = 1 \longrightarrow f_l(1) = 1$ を確める ❶

$$\Phi(1, h) = (1 - 2h + h^2)^{-\frac{1}{2}}$$

$$= \frac{1}{1 - h}$$

$$= 1 + h + h^2 + h^3 + \cdots \tag{6}$$

一方

$$\Phi(1, h) = \sum_{l=0}^{\infty} f_l(1) h^l$$

$$= f_0(1) + f_1(1)h + f_2(1)h^2 + \cdots \tag{7}$$

式(6)と(7)から

$$f_l(1) = 1$$

2 $f_l(x)$ がルジャンドルの微分方程式を満たすことを確める ❷

$$\Phi(x, h) = (1 - 2xh + h^2)^{-\frac{1}{2}}$$

$$\longrightarrow (1 - x^2) \frac{\partial^2 \Phi}{\partial x^2} - 2x \frac{\partial \Phi}{\partial x} + h \frac{\partial^2}{\partial h^2} (h\Phi) = 0 \tag{8}$$

$\llcorner$ **HW1**

$\Phi = \sum_l f_l(x) h^l$ を代入 ❸

$$\sum_{l=0}^{\infty} \{(1 - x^2) h^l f_l'' - 2x h^l f_l' + h(l+1) l h^{l-1} f_l\} = 0 \tag{9}$$

$$= (h^{l+1})''$$

h^l の係数 $= 0$:

$$(1 - x^2) f_l'' - 2x f_l' + l(l+1) f_l = 0 \tag{10}$$

$\llcorner$ ルジャンドルの微分方程式

❶　第1ステップでは，$x = 1$ で f_l が1となることを確めます．これは，ここに示したように，Φ の定義式(1)で $x = 1$ とおいたものを h でべき展開して(式(6))，式(7)と比べれば，明らかですね．

❷　第2ステップでは，f_l がルジャンドルの微分方程式を満たすことをいいます．これにはまず Φ が，式(8)に示した関係を満たすことを確認します

13.5 ルジャンドル多項式の母関数　255

13.5.1　漸化式　❹

いろいろな漸化式が知られている

例 $lP_l = (2l-1)xP_{l-1} - (l-1)P_{l-2}$ (11)

⊙ 母関数(1)$\Phi = (1-2xh+h^2)^{-\frac{1}{2}}$ の両辺を h で微分 ❺

$$\frac{\partial \Phi}{\partial h} = -\frac{1}{2}(1-2xh+h^2)^{-\frac{3}{2}}(-2x+2h)$$ (12)

両辺に $1-2xh+h^2$ を掛ける

$$(1-2xh+h^2)\frac{\partial \Phi}{\partial h} = (x-h)\Phi$$ (13)

$\Phi = \sum P_l h^l$ を代入して，h^{l-1} の係数を比較

⟶ 式(11)

HW2 上の手順で式(11)が得られることを確めよ

(HW1)．すこし面倒ですが基本的には，高校数学の微分(と偏微分)の知識があれば示せます．

❸　さて，こうして示した式(8)にここに示した代入をおこない式(9)を得ます．この式の h の l 乗の係数を見てみると，確かに係数 f_l はルジャンドルの微分方程式を満たすことがわかります(式(10))．これで説明は終わりです．

❹　ルジャンドル多項式は，いろいろな漸化式を満たすことが知られています．たとえば，漸化式(11)が知られています．ここでは母関数を使って，この式(11)を示してみましょう．なおこの漸化式を使うと，l が大きな P_l を順に求めていくことができます．

❺　まず母関数の定義式(1)の両辺を h で1回微分し(式(12))，この両辺に $1-2xh+h^2$ という因子を掛けます(式(13))．ここへ Φ の h 展開の式(3)を代入して h の $l-1$ 乗の係数を比較してください．すると，上に示した漸化式が出てきます．以上の計算を自分で確めてみてください(HW2)．

256   第13章 微分方程式の級数解法，直交関数系

13.6 直交関数の完全系

13.6.1 直交性

区間 (a, b) で関数 $A(x)$ と $B(x)$ が直交する

$$\overset{\text{def}}{\Longleftrightarrow} \int_a^b dx\, A^*(x)B(x) = 0 \tag{1}$$

☑注 $\displaystyle\sum_i A_i^* B_i = 0 \iff \boldsymbol{A}^* \cdot \boldsymbol{B} = 0$

関数系（関数の集合）$\{A_n(x)\}$ が

$$\int_a^b A_n^*(x)A_m(x)\,dx \begin{cases} = 0 & (m \neq n) \\ \neq 0 & (m = n) \end{cases} \tag{2}$$

を満たす

$\overset{\text{def}}{\Longleftrightarrow} \{A_n(x)\}$ は **直交関数系**

☑注 { } は集合（セット，系）を表す

例 $\displaystyle\int_{-\pi}^{\pi} \sin nx \sin mx\,dx = \begin{cases} 0 & (m \neq n) \\ \pi & (m = n \neq 0) \end{cases}$ $\tag{3}$

　　$\longrightarrow \{\sin nx\}$ は区間 $(-\pi, \pi)$ で直交関数系をなす

13.6.2 完全性

例 $\displaystyle\sum_n c_n \sin nx$ $\tag{4}$

　　奇関数しか表せない

例 $\displaystyle\sum_n c_n \sin nx + \sum_n d_n \cos nx$ $\tag{5}$

　　"任意" の $(-\pi, \pi)$ の関数を表せる

　　$\Longrightarrow$ 区間 $(-\pi, \pi)$ で $\begin{cases} \{\sin nx\},\ \{\cos nx\} \text{ は不完全} \\ \{\sin nx, \cos nx\} \text{ は完全} \end{cases}$

13.6 直交関数の完全系

❶ ここでルジャンドル多項式に限らず，関数系一般に対して使われる〝直交性〟という言葉を説明します．この言葉はフーリエ級数の章（第 10 章）や偏微分方程式の章（第 12 章）で説明抜きにくり返し使った言葉で，いよいよここで，このネーミングの理由を知るときがきたのです．

❷ 関数の直交は，式(1)のように定義されます．なぜ，この式をもって〝直交〟とよぶのかについては，すぐ下の ☑注 に示した通常の複素ベクトルの直交の定義式と比較してみるとわかります．関数の直交の定義式は，この式における i に関する和を積分に置き換えたものになっているからです．

❸ さてこの定義を使って，関数の集合である関数系についての直交を，式(2)のように定義します．そしてこれを満たすものを直交関数系とよびます．

❹ たとえば sin 関数は式(3)を満たします．そこで〝この関数系はこの区間で直交関係を満たす〟と表現します．

これでなぜ，フーリエ級数の章や偏微分方程式の章で〝直交性〟という言葉をくり返し使ったかがおわかりいただけたかと思います．

❺ 次に関数系の完全性あるいは完備性についてです．この 2 つの例（式(4)と(5)）に見られるように，ある区間でのすべての関数がその和で表せるようになっていない場合が不完全で，なっている場合が完全(complete)です．

☑注 3次元ベクトル

$\{\boldsymbol{e}_1, \boldsymbol{e}_2, \boldsymbol{e}_3\}$　直交完全系

$\{\boldsymbol{e}_1, \boldsymbol{e}_2\}$　　不完全

13.7　ルジャンドル多項式の直交性

$$\int_{-1}^{1} P_l(x) P_m(x)\, dx \begin{cases} = 0 & (l \neq m) \\ \neq 0 & (l = m) \end{cases} \tag{1}$$

☺ ルジャンドルの微分方程式を次の形に書く

$$\frac{d}{dx}\{(1-x^2)P_l'(x)\} + l(l+1)P_l(x) = 0 \tag{2}$$

$$\frac{d}{dx}\{(1-x^2)P_m'(x)\} + m(m+1)P_m(x) = 0 \tag{3}$$

HW1 式(2)で $P_l' \to y', P_l \to y$ とすると，ルジャンドルの微分方程式になっていることを示せ

$P_m \times$ 式(2) $- P_l \times$ 式(3)：

$$P_m \frac{d}{dx}\{(1-x^2)P_l'\} - P_l \frac{d}{dx}\{(1-x^2)P_m'\}$$
$$+ \{l(l+1) - m(m+1)\} P_l P_m = 0 \tag{4}$$

← **HW2**

$$\frac{d}{dx}\{(1-x^2)(P_m P_l' - P_l P_m')\} \tag{5}$$

❶ 3次元ベクトル空間でいえば，3つの単位ベクトルのうちの2つだけをとってきたら不完全ですが，3つともあれば3次元ベクトルはそれら3つの線形結合ですべて表せるので，この3つのセットは完全系です．

13.7 ルジャンドル多項式の直交性　　*259*

$\int_{-1}^{1} dx$ を作用

$x = \pm 1$ のとき 0

$$\left[(1-x^2)(P_m P_l' - P_l P_m') \right]_{-1}^{1}$$

$$+ \{ l(l+1) - m(m+1) \} \int_{-1}^{1} dx\, P_l P_m = 0 \qquad (6)$$

$(l-m)(l+m+1)$

$l \neq m$ のとき 0 でない

$$\longrightarrow l \neq m \text{ なら } \int_{-1}^{1} P_l P_m \, dx = 0 \qquad (7)$$ **5**

　このように考えてくると，完全性をもった関数系の要素は，関数空間における単位ベクトルに相当していることが了解されると思います．ですから 256 ページの式(4)や(5)は〝線形結合〟とも表現されます．

2　さてルジャンドル多項式に戻って，その直交性を考えます．実は式(1)に示したように，ルジャンドル多項式は，関数系として直交性をもちます．この関係を説明しましょう．

3　まず P_l はルジャンドルの微分方程式を満たすので，それをすこし変形して(**HW1**)，2 つの添え字 l と m でそれぞれ書きます(式(2), (3))．

4　これらの式(2)と(3)の引き算を使って，式(4)をつくります．するとこの式の第 1 行は，式(5)のように書けます(**HW2** で確めてください)．第 1 行をこのように書きかえたうえで，$\int_{-1}^{1} dx$ を式(4)に演算すると式(6)を得ます．

5　式(6)に加えた青字のコメントを考えると，式(7)が得られるので，証明が終わりました．

260   第13章　微分方程式の級数解法，直交関数系

☑注 次の性質が示せる

$$\int_{-1}^{1} dx\, P_l \times (m\text{次多項式}) = 0 \qquad (l > m) \tag{8}$$ ❶

たとえば

$$\int_{-1}^{1} P_3(x)\underbrace{(3x^2 + x - 1)}_{= f(x)}\, dx = 0 \tag{9}$$

$\because$ n 次多項式は $P_l(x)$ $(l \leq n)$ の和で書ける　(10) ❷

　　例：$n = 2.$ $f(x) = 3x^2 + x - 1$ は P_0, P_1, P_2 で書ける

$$\because P_2 = \frac{1}{2}(3x^2 - 1) \longrightarrow x^2 = \frac{2P_2 + 1}{3}$$

$$f(x) = 2P_2 + \underset{\underset{\;\;\longrightarrow P_1}{\uparrow}}{1} + x - 1$$

$$\therefore\ 3x^2 + x - 1 = 2P_2 + P_1 \tag{11}$$

$$\longrightarrow\ \text{式}(9)\text{の左辺} = \int_{-1}^{1} P_3(2P_1 + 1) \underset{\underset{\;\;\text{式}(1)}{\uparrow}}{\longrightarrow}\ 0$$ ❸

同様の議論で式 (8) が成立 ❹

13.8　ルジャンドル多項式の規格化

ノルム N　　（ベクトル：$A^* \cdot A = N^2$）　　**5**

$$\int_a^b \underset{\underset{|A(x)|^2}{\uparrow}}{A^*(x)A(x)}\, dx = N^2 \tag{1}$$

規格化　　（ベクトル：$A \to A/N$）　　**6**

$$A(x) \to A(x)/N \tag{2}$$

❶　なお直交性から，式 (8) が成立します．これは，たとえば $l = 3$ のときには式 (9) が成立することを意味しています．

13.8 ルジャンドル多項式の規格化 261

例 $\int_0^\pi dx \sin^2 nx = \dfrac{\pi}{2}$ **7**

$\longrightarrow \sin nx$ の $(0, \pi)$ でのノルムは $\sqrt{\dfrac{\pi}{2}}$

$\sqrt{\dfrac{2}{\pi}} \sin nx$ は "規格化されている"

規格直交系 **8**

例 $\left\{\sqrt{\dfrac{2}{\pi}} \sin nx\right\} \longrightarrow (0, \pi)$ での規格直交系

$\because \int_0^\pi \sin nx \sin mx\, dx = 0 \qquad (n \neq m)$ (3)

❷ なぜこれらの式が成り立つかというと，(10)が真だからです．このこと を $n = 2$ のときに例証します．この例で(10)は，2次多項式 $3x^2 + x - 1$ が P_0, P_1, P_2(の線形結合)で書けることを主張します．これは P_0, P_1, P_2 の定義を思い起こすと，式(11)に示したように，真であることがわかりま す．

❸ したがって P_l の直交性より，式(9)が真であることもわかります．

❹ 同様に議論をすれば，式(8)も成立することがわかりましたね．

5 次に，関数のノルムを導入します．これも通常のベクトルとの類似(ア ナロジー)から，式(1)のように導入します．

6 関数の規格化についても，このノルムを使い，ベクトルとのアナロジー から式(2)のように導入します．

7 たとえば sin 関数は，区間 $(0, \pi)$ でのノルムは $\sqrt{\dfrac{\pi}{2}}$ と定まり，したがっ て，ここに示したように規格化されます．

8 関数系について規格直交系も，この **例** に示したように導入できます． この関数系は上の **例** で見たように規格化されており，さらに式(3)のよ うに直交性をもつので規格直交系とよぶわけです．

262　第13章　微分方程式の級数解法，直交関数系

$P_l(x)$ のノルム ❶

$$\int_{-1}^{1} P_l(x)^2 \, dx = \frac{2}{2l+1} \equiv N^2 \tag{4}$$

式(4)の証明： ❷

$$lP_l = xP_l' - P_{l-1}' \tag{5}$$

が知られている

HW1 252 ページの母関数 (1) $\Phi = (1 - 2xh + h^2)^{-\frac{1}{2}}$ が

$$(x - h)\frac{\partial \Phi}{\partial x} = h\frac{\partial \Phi}{\partial h}$$

を満たすことを示し，これより式(5)を示せ

式(5)の両辺に $\displaystyle\int_{-1}^{1} dx \, P_l \times$ を作用 ❸

$$l\int_{-1}^{1} P_l^2 \, dx = \int_{-1}^{1} xP_l P_l' \, dx - \int_{-1}^{1} P_l P_{l-1}' \, dx \tag{6}$$

$\longleftarrow (l-2)$次多項式

$=$

$0 \ (\because 直交性)$

$x\left(\dfrac{P_l^2}{2}\right)' \longrightarrow$

ビ セキ

$$\left[x\frac{P_l^2}{2}\right]_{-1}^{1} - \int_{-1}^{1} \frac{P_l^2}{2} \, dx$$

$\underset{1}{\|} \longleftarrow P_l(x = \pm 1)^2 = 1$

HW2 $P_l(-1)$ を Φ から求めよ

ヒント　254 ページの $\boxed{1}$ と同様

したがって，式(6)は

$$l\int_{-1}^{1} P_l^2 \, dx = 1 - \int_{-1}^{1} \frac{P_l^2}{2} \, dx \tag{7}$$

$$\therefore \frac{2l+1}{2}\int_{-1}^{1} P_l^2 \, dx = 1 \tag{8}$$

❹

❶ ルジャンドル多項式 P_l のノルム N は，式(4)からわかります．

❷ 式(4)を示すには，漸化式(5)を使います．この漸化式も，前に 255 ページの漸化式(11)を示したのと同様にして，母関数を使って証明できます（HW1）．

❸ さて，この漸化式(5)の両辺に $\int_{-1}^{1} dx P_l \times$ を作用させると，式(6)が得られます．右辺第1項は部分積分をすると，はじめの項（"表面項"ともよばれます）は上端と下端を評価して引き算をすると 1 になります．これは，HW2 で確めてください．右辺第2項は，ルジャンドル多項式の直交性である 260 ページの式(8)を使うと 0 になることがわかります．

❹ 以上の議論から式(7)が得られ，これを変形すると式(8)を得ます．このようにしてルジャンドル多項式のノルムを定義する式(4)が示されました．

13.9 ルジャンドル級数

$$f(x) = \sum_{l=0}^{\infty} c_l P_l(x) \quad (|x|<1) \tag{1}$$

係数 c_l を決める

両辺に $\int_{-1}^{1} dx\, P_m(x) \times$ を作用し，直交性を使う

$$\int_{-1}^{1} dx\, f(x) P_m(x) = \sum_{l=0}^{\infty} c_l \underbrace{\int_{-1}^{1} dx\, P_l(x) P_m(x)}_{\parallel \;\leftarrow\; \text{p. 258 の式(1)} + \text{p. 262 の(4)} \atop \frac{2}{2m+1}\delta_{lm}}$$

$$= \frac{2}{2m+1} c_m \tag{2}$$

$$\therefore c_m = \frac{2m+1}{2} \int_{-1}^{1} dx\, f(x) P_m(x) \tag{3}$$

☑注 $\sum_l c_l P_l \;\longleftrightarrow\; \sum_l c_l e_l$ "線形結合"

❶ フーリエ級数の係数を求めることができたのは三角関数の直交性があったからです．ルジャンドル多項式にも直交性があるので，**ルジャンドル級数**も式(1)のように定義できます．

❷ 実際，この定義式の両辺に $\int_{-1}^{1} dx\, P_m(x) \times$ を作用し，258 ページの直交性(1)と 262 ページのノルムの式(4)を使えば式(2)を得ます．

❸ このように，フーリエ級数のときとまったく同様にして，係数が式(3)のように決まります．

13.10　級数解法のまとめ

他にも名前のついた微分方程式や，その解として得られる**関数系**がある

共通点　（エルミートの微分方程式を例として）

　　1微分方程式がパラメーターをもつ

$$y'' - 2xy' + 2ny = 0 \qquad (\text{エルミートの微分方程式：} n)$$

$$(1)$$

　　2多項式解がある

$$H_0(x) = 1, \ H_1(x) = 2x, \ H_2(x) = 4x^2 - 2, \ \cdots, \ H_n(x)$$

　　$\longrightarrow$　微分による定義（ロドリゲスの公式）

$$H_n(x) = (-1)^n e^{x^2} \frac{d^n}{dx^n} e^{-x^2}$$

4　なおすでに完全性の説明のところでもいいましたが，フーリエ級数やル
ジャンドル級数の和は，線形結合における和に対応します．そして，それ
ぞれの関数系は，関数空間における単位ベクトルあるいは基底に対応しま
す．

5　級数解法のまとめです．これまでに見てきたルジャンドルの微分方程式
のほかにもベッセルの微分方程式などいくつかの似たような2階の微分方
程式があり，それらには以下に見るような共通点**1**～**5**があります．

6　1つめは，微分方程式がパラメーターをもつということです．P_l の l は，
もとの微分方程式にあったパラメーターだったことを思い起こしてくださ
い．ここに示したエルミートの微分方程式であれば，n というパラメータ
ーをもちます（式(1)）．

7　そして，その微分方程式は多項式解をもちます．

8　その多項式解は，微分を使ったロドリゲスの公式でも表せます．

266　第13章　微分方程式の級数解法，直交関数系

3 多項式解は直交性をもつ ❶

$$\int_{-\infty}^{\infty} dx \underbrace{e^{-x^2}}_{\text{重み関数 } w(x)} H_m(x) H_n(x) = 2^n n! \sqrt{\pi}\ \delta_{nm}$$

☑**注** 一般に関数系 $\{y_n\}$ は重み関数 $w(x)$ つきで直交する ❷

$$\iff \int_{x_1}^{x_2} y_n(x)\, y_m(x)\, w(x)\, dx = 0 \qquad (n \neq m) \tag{2}$$

$\{\sin nx\}$ やルジャンドル級数では，たまたま $w(x) = 1$

⟶　フーリエ級数展開と同様の級数展開がつくれる ❸

$$f(x) = \sum_n c_n H_n(x) \tag{3}$$

4 母関数が定義できる ❹

$$\varPhi(x, h) = e^{2xh - h^2} \tag{4}$$

$$= \sum_n \frac{1}{n!}\, H_n(x)\, h^n \tag{5}$$

h で n 回微分してから $h = 0 \longrightarrow H_n(x)$

5 漸化式が知られている ❺

$$H_{n+1} - 2x H_n + 2n H_{n-1} = 0$$

$$H_m' = 2n H_{n-1}$$

$$\vdots$$

❶ 多項式解は，直交性ももちます．ただ直交性とは，一般には重み関数つきで定義されます．

❷ なお，上で述べた重み関数は，より一般には式(2)のように定義されます．

❸ いずれにせよ直交性があると，その関数系での"線形結合"をつくることで，級数展開がつくれます(式(3))．

❹ 多項式解には，母関数も定義できます(式(4), (5))．

❺ 母関数などを使って示せる漸化式も，いろいろ知られています．

あとがき

　この本のおおもととなったノートは，私がお茶の水女子大学に着任し，物理学科の学部での物理数学の必修授業すべて(半期授業3つ)を担当すると決まったときに作ったノートです．このオリジナルノートは，当時，学部レベルの物理で必要な数学を網羅的に扱った本をいくつも探して

[1] Mary L. Boas, "Mathematical Methods in the Physical Sciences, 2nd ed.", John Wiley & Sons, 1983.

を見つけ，これをもとに作成していきました．最新版は，かなりの高額な書籍となってしまっていますが，機会があれば図書館なども利用して原書にあたっていただくと，英語の勉強にもなると思います(最近，邦訳も出たようです)．本書は，オリジナルノート作成の後，20年以上授業をおこないながら改良を重ねたノートをもとにしています．

　本書より少し進んだ数学が必要な場合には，日本語の本では

[2] 後藤憲一他編，『詳解　物理・応用　数学演習』，共立出版，1979.

をおすすめしておきます．各章冒頭の手短なまとめと豊富な例題を通して，新しい事項でも敷居を感じずに習得することができると思います．

[3] 寺沢寛一著，『自然科学者のための　数学概論(増訂版)』，岩波書店，1954.

や同応用編も例を豊富に取りあげていてなじみやすいと思います．

　物理や工学の学部や大学院では，数学は道具として使いこなせるようになることが大切です．研究レベルでは，本格的な解析計算はMathematicaなどのソフトウェアを使うことも多くなるとは思いますが，自分で手を動かして習得した数式のハンドリング能力なしに，これらのソフトウェアを使いこなすことは不可能です．いつの時代になっても〝手で書く〟ことの重要性は失われることはないと思います．そんな〝基礎トレーニング〟の題材として，特色のある本書が時代を超えて親しまれることを願っています．

索　引

欧文

cn 関数　117
sn 関数　115

い

位数　137

う

渦度　63, 64

か

解析関数　121
解析的　121
回転　25
ガウス関数の幅　205
ガウス積分　97
ガウスの定理　57, 61
完全　257
ガンマ関数　92

き

規格化　261
規格直交系　261
基本解　223
境界条件　221
極　137

く

区分的になめらか　187
グラジエント　21

グリーンの定理　43, 48

け

ゲージ不変性　81

こ

勾配　21
誤差関数　98
コーシーの積分定理　130
コーシー・リーマン条件　125
固有関数　229
固有値　229
固有値問題　229
孤立特異点　137

さ

最大降下線　19

し

周回積分　129
主値積分　164
主要部　137
除去可能特異点　139
真性特異点　139

す

スカラー三重積　7
スカラー場　18
スターリングの公式　106

ステップ関数　161
ストークスの定理　69

せ

生成関数　253
正則　121
正則関数　121
正則点　121
漸近級数　101
漸近展開　104
線積分　27

そ

双曲型　221
相補誤差関数　99

た

ダイバージェンス　25
楕円型　221
楕円関数　109
たたみ込み　209
単連結領域　48, 75

ち

超関数　168
直交　257
直交関係　181
直交関数系　257

索引

て
ディラックのデルタ関数　168
ディリクレの定理　187

と
特異点　121, 134

な
ナブラ　21
ナブラ演算子　21

の
ノルム　261

は
場　18
パーセバルの等式　191
発散　25
発散定理　57

ひ
微分可能　121

ふ
フォールライン　19

複素関数　121
複素フーリエ級数　187
フーリエ逆変換　199
フーリエ級数　181
フーリエ変換　199

へ
閉路積分　129
ベクトル三重積　9
ベクトル場　19
ベクトルポテンシャル　77
変数分離　222
変数分離法　229
偏微分方程式　221

ほ
方向微分　19
放物型　221
母関数　253
ポテンシャル　35
ポール　137

ら
ラプラシアン　25
ラプラス演算子　25
ラプラス逆変換　215

ラプラス変換　195
ラプラス方程式　221

り
立体角　71
留数　137
留数定理　144

る
ルジャンドル級数　264
ルジャンドル多項式　247
ルジャンドルの微分方程式　244

れ
連続の式　57

ろ
ローテーション　25
ローラン展開　135

わ
わき出し　53

著者略歴

奥村　剛（おくむら　こう）

1967年生まれ．1990年慶應義塾大学理工学部物理学科卒業．同大大学院，ニューヨーク市立大学シティカレッジ大学院を経て，1994年分子科学研究所理論研究系助手．2000年お茶の水女子大学理学部物理学科助教授，2003年同教授，現在に至る．1999年から2003年にかけての13か月間，コレージュ・ド・フランスにおいて研究．専門は理論物理学，ソフトマター物理学．博士（理学）．

おもな著書，翻訳書に『印象派物理学入門 ― 日常にひそむ美しい法則 ―』（日本評論社，2020），『表面張力の物理学（第2版）― しずく，あわ，みずたま，さざなみの世界 ―』（吉岡書店，2008）がある．

ナビゲーション　物理・情報・工学で使う数学 II

2025年2月25日　第1版1刷発行

検印省略

定価はカバーに表示してあります．

著作者　奥村　剛
発行者　吉野和浩
　　　　東京都千代田区四番町 8-1
　　　　電　話　03-3262-9166（代）
発行所　郵便番号　102-0081
　　　　株式会社　裳華房
印刷所　創栄図書印刷株式会社
製本所　株式会社　松岳社

一般社団法人
自然科学書協会会員

JCOPY　〈出版者著作権管理機構　委託出版物〉
本書の無断複製は著作権法上での例外を除き禁じられています．複製される場合は，そのつど事前に，出版者著作権管理機構（電話03-5244-5088，FAX 03-5244-5089，e-mail: info@jcopy.or.jp）の許諾を得てください．

ISBN 978-4-7853-2831-3

© 奥村　剛，2025　　Printed in Japan

物理学レクチャーコース

編集委員：永江知文，小形正男，山本貴博
編集サポーター：須貝駿貴，ヨビノリたくみ

力 学　　山本貴博 著　　298頁／定価 2970円（税込）

ところどころ発展的な内容も含んではいるが，大学で学ぶ力学の標準的な内容となっている．本書で力学を学び終えれば，「大学レベルの力学は身に付けた」と自信をもてるだろう．

物理数学　　橋爪洋一郎 著　　354頁／定価 3630円（税込）

数学に振り回されずに物理学の学習を進められるようになることを目指し，学んでいく中で読者が疑問に思うこと，躓きやすいポイントを懇切丁寧に解説した．

電磁気学入門　　加藤岳生 著　　2色刷／240頁／定価 2640円（税込）

わかりやすさとユーモアを交えた解説で定評のある著者によるテキスト．著者の長年の講義経験に基づき，本書の最初の2つの章で「電磁気学に必要な数学」を解説した．

熱 力 学　　岸根順一郎 著　　338頁／定価 3740円（税込）

熱力学がマクロな力学を土台とする点を強調し，最大の難所であるエントロピーも丁寧に解説した．緻密な論理展開の雰囲気は極力避け，熱力学の本質をわかりやすく"料理し直し"，曖昧になりがちな理解が明瞭になるようにした．

相対性理論　　河辺哲次 著　　280頁／定価 3300円（税込）

特殊相対性理論の「基礎と応用」を正しく理解することを目指し，様々な視点と豊富な例を用いて懇切丁寧に解説した．また，相対論的に拡張された電磁気学と力学の基礎方程式を，関連した諸問題に適用して解く方法や，ベクトル・テンソルなどの数学の考え方も丁寧に解説した．

量子力学入門　　伏屋雄紀 著　　2色刷／256頁／定価 2860円（税込）

量子力学の入門書として，その魅力や面白さを伝えることを第一に考えた．歴史的な経緯に沿って学ぶというアプローチは，量子力学の初学者はもとより，すでに一通り学んだことのある方々にとっても，きっと新たな視点を提供できるであろう．

素粒子物理学　　川村嘉春 著　　362頁／定価 4070円（税込）

「相互作用」と「対称性」に着目して，3つの相互作用（電磁相互作用，強い相互作用，弱い相互作用）を軸に，対称性を通奏低音のようなバックグラウンドにして，「素粒子の標準模型」を理解することを目標に据えた．

◆ コース一覧（全17巻を予定）◆

- 半期やクォーターの講義向け
  力学入門，電磁気学入門，熱力学入門，振動・波動，解析力学，
  量子力学入門，相対性理論，素粒子物理学，原子核物理学，宇宙物理学
- 通年（I・II）の講義向け
  力学，電磁気学，熱力学，物理数学，統計力学，量子力学，物性物理学

裳華房ホームページ　https://www.shokabo.co.jp/